不一樣的印記

ALLEN SHI
THE UNCOMMON JOURNEY

史立德

不一樣的印記

香港城市大學出版社
City University of Hong Kong Press

項 目 統 籌	陳小歡
撰 著 整 理	王安魯
攝 影 修 圖	Phoebe Wong
書 封 設 計	蕭慧敏
版 式 設 計	雷詠嫻、陳先英
編 輯 助 理	陳嘉渭（香港城市大學中文及歷史系三年級）
	陳寶怡（香港城市大學中文及歷史系四年級）
	黃昕瞳（香港城市大學翻譯及語言學系二年級）

鳴謝

香港城市大學商學院提供場地「史立德行政教室」以供拍攝，謹此致謝。

本書部分圖片承蒙下列機構及人士慨允轉載，謹此致謝：
香港中華廠商會聯合會（頁 92–93、96–98、100、103、105–107、109、113–114、116–118、121、123、125–127、129、136–137）；香港城市大學（頁 60、66）；香港旅遊發展局（頁 79、139）；香港晶報社（頁 11）；港專（頁 13）。

Getty image: AFP (p. 21); Archive Photos (p. 8); Ryan Pyle (p. 39); Three Lions (p. 10); VCG (p. 59). Leiden University Libraries (p. 147).

其他相片由史立德博士提供。

本社已盡最大努力，確認圖片之作者或版權持有人，並作出轉載申請。唯部分圖片年份久遠，未能確認或聯絡作者或原出版社。如作者或版權持有人發現書中之圖片版權為其擁有，懇請與本社聯絡，本社當立即補辦申請手續。

國際統一書號：978-962-937-668-0

出版
　　香港城市大學出版社
　　香港九龍達之路
　　香港城市大學
　　網址：www.cityu.edu.hk/upress
　　電郵：upress@cityu.edu.hk

Allen Shi — The Uncommon Journey
(in traditional Chinese characters)

ISBN: 978-962-937-668-0

Published by
　　City University of Hong Kong Press
　　Tat Chee Avenue
　　Kowloon, Hong Kong
　　Website: www.cityu.edu.hk/upress
　　E-mail: upress@cityu.edu.hk

Printed in Hong Kong

城傳系列

大半個世紀前，香港經濟逐漸起飛，後來更成為國際金融中心，當中有賴許多人默默耕耘，為香港的發展作出貢獻。他們憑着決心、勇氣、冒險精神及與時並進的態度，成為出色的領袖，帶領企業或機構創出佳績。

本系列專訪多位與香港城市大學甚有淵源的卓越人士，記述他們的成長經歷與打拼事業的經過，以及其在社會上作出的貢獻，藉此向年輕人分享他們如何排除萬難，在人生旅途創出高峰，期望把他們豐富的經驗、奮發向上的精神與獨特的人生哲學傳承下去。

編輯委員會

主　席　　**黃嘉純 SBS JP**
香港城市大學校董會主席

總策劃　　**余皓媛 MH**
香港城市大學顧問委員會成員
扶貧委員會委員
青年發展委員會委員

黃懿慧
香港城市大學媒體與傳播系系主任及講座教授
香港城市大學出版社社長

目錄

第一章　磨練的年代

第二章　創業奮鬥路

第三章　進修結學緣

史立德

功績、獎項與社會服務簡介

黃嘉純

總序

香港城市大學在過去十多年高速發展，一直致力於促進知識轉移，推展前瞻性高等教育，並且專注學術、教研、創新、培育學生等，在社會上的影響力已獲得全球認可。

說到影響力，大學作為教育最高學府，除了科研及學術成就，最大的社會影響力莫如培育人才。十年樹木，百年樹人，城大雖然沒有百年的歷史，在國際間還是一所年輕大學，但創立以來，在教學上一直以無比的決心和毅力，發展學生的才能，培育出一代又一代的校友；到今天，他們很多已成就卓越，各自在所屬行業裏闖出了名堂；不少資深校友更能進一步發揮一己的長處，致力服務社會，成為各界公認的傑出人才。

更難得的是，不少校友在百忙中仍然對大學的發展非常關心，並透過他們的專業知識、社會網絡及資源，為在學同學提供學業指導、實習機會及不同的獎助支持。近年城大創辦了資深校友組織「城賢匯」(CityU Eminence Society)，就是希望能夠凝聚這些傑出校友，為城大的發展及在培育學生方面提供意見與協助。大學亦積極聯繫社會上不同界別的人士，冀能加強大學與各界人士的協作。

在過去的校友聚會及大學活動中，這些資深校友都樂意跟城大年青後輩分享其工作、創業，甚至人生經歷。啟發及

培育年青一代是教育的使命，香港城市大學出版社特意策劃這套「城傳系列」，專訪多位與城大甚有淵源的卓越人士，他們不獨在各自的界別中獨當一面，成就斐然，更擔任不同公職，對社會有重大的貢獻。通過與他們進行深入的訪談，此系列記錄了他們不平凡的人生經歷，冀能推而廣之將他們豐富的經驗、獨特的人生哲學與待人接物之道，與大眾分享，並承傳至城大以外的年輕一代，啟發更多青年人創出自己的一片天地。

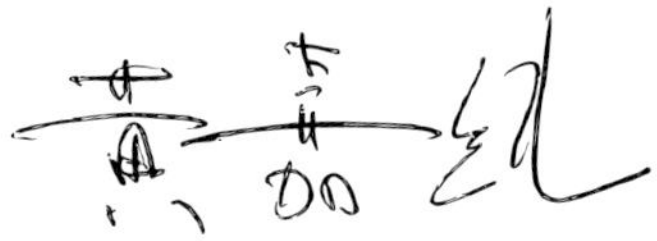

黃嘉純 SBS JP

香港城市大學校董會主席

余皓媛

總序

我與香港城市大學的緣分在九龍塘「達之路」開始。「達之路」是以我爺爺「余達之」的名字命名，而城大座落於達之路上，因此我對城大特別有親切感。

這些年來，我和家人也打算把爺爺的資料——即「糖薑大王」余達之的故事整理出版，後來也因此出版計劃與城大出版社結緣。《余達之路——糖薑大王與戰後香港》一書從籌備、資料搜集、撰寫至付梓出版，過程並不容易，如要在世界各地的歷史檔案室尋找資料等，但感恩一直獲多方支持，書籍最終在 2021 年順利出版後，口碑不俗；更感恩的是，這本書分享了爺爺的企業家精神，啟發了很多年青人。

企業家精神在不同時代都一樣適用，只是場景不同。我從事兒童、青年及婦女工作二十多年，近年更有幸加入香港特別行政區政府的青年發展委員會，有了更多機會和香港青少年朋友交流，了解到他們對自己的未來雖然抱有希望，但在考慮及實踐生涯計劃之時，偶爾仍會感到迷茫無助。

一代人有一代人打拼事業的經歷。爺爺那一代，伴隨着香港早期百廢待興的工業發展歷史，有屬於那個時代的識見與智慧。以至我這一代，經歷着國家的發展，世界政經環境的變遷，產業結構的變化，事業機遇已不盡相同。我和

城大出版社仝仁談起，都感到一日千里的科技發展，將影響着年青人未來的事業機遇，但大家都相信時代世道會變，產業結構會變，一些做人處事的價值觀卻不見得不一樣，仍然值得借鑒前人的經驗。

有見及此，香港城市大學出版社特意策劃了這套「城傳系列」叢書，旨在邀請與城大有淵源的社會賢達，記述他們的成長經歷與打拼事業的經過，以及對社會和教育作出的貢獻，希望能啟發年輕一代找到時代的機遇，實現抱負，施展才華。

香港城市大學人才濟濟、翹楚眾多，作為香港城市大學的顧問委員會成員，我努力嘗試將這項極具意義的出版計劃推廣開去，並非常高興得到社會各界人士對「城傳系列」叢書的大力支持，成就這套叢書能順利出版。我期待日後有更多社會卓越人士參與其中，將他們豐富的人生經驗和待人處世之道與大眾分享，鼓勵新一代青年承前啟後，闖出自己的一片天地。

余皓媛 MH

香港城市大學顧問委員會成員

扶貧委員會委員

青年發展委員會委員

丘應樺

序一

早前接受了史博士於廠商會「友德傾」的訪問,與他就香港經濟前景和經濟復甦之路有詳細討論,他持續關注香港社會經濟,一直以來對工商業及社會發展的貢獻都功不可沒。此番得悉史博士將出版傳記並邀請我作序,自是欣然應允。

史博士憑藉自強不息的精神與毅力建立起屬於自己的印刷王國,從一個學徒到企業主席,成為一代知名工業家,再而帶領香港廠商會應對疫情下經濟困局所帶來的挑戰,他亦擔任多項公職和積極參與慈善活動,在個人事業與社會服務領域皆有傑出貢獻。

本書記錄了史博士的人生歷程,其思想精神和給年青人的勉勵皆呈現其中,讀者閱後當有所收穫。盼望年輕一代的讀者能學習史博士在承受挫折後永不言敗的精神,懷抱堅定的心敢於奮鬥,創出自己的一番事業,在推動經濟發展的同時也不忘回饋社會,造福社群。

丘應樺 JP

香港特別行政區政府 商務及經濟發展局局長

梁君彥

序二

史立德博士最為人所知的身份，是廠商會會長及華彩集團創辦人，但實際上他身兼多項公職，當中包括黃大仙區健康安全城市董事局主席、商界助更生委員會董事局成員、香港青年工業家協會基金會會長等。

史立德博士在本書分享了他成長、創業、進修、加入商會等經歷，當中他所展現的堅毅、勤奮、敢於創新的精神，令人敬佩。值得一提的，是他多年來的對社會服務的貢獻，由他最早期開始擔任黃大仙區議員說起，這一職位需要勞財勞力，即使立德當時已是一位成功的企業老闆，公務繁忙，但他相信服務社會的意義非凡，因此不惜犧牲個人的精力和時間，定期抽出時間接見市民，唯求能真正解決社區問題，令居民得到更優良的生活條件，這種無私的精神叫人動容。

立德帶領中華廠商會有更好發展，又大力支持教育，並且熱心服務社會，對香港社會貢獻良多。希望年輕人也能以其為榜樣，在追求個人目標的同時，也不忘回饋社會，肩負社會責任，共創美好香港。

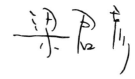

梁君彥 大紫荊勳賢 GBS JP

香港特別行政區政府 立法會主席

楊孫西

序三

上次我和立德在國酒茅台聯歡晚會相談甚歡，談話中可見他是一個對自己、他人、社會都十分負責的人，這次得悉立德有新書發佈之喜，欣然作序。

人生如酒，酒有百味，就以茅台為例，入口只覺辛辣，入喉又微有苦澀，但回味時卻是醇香甘甜，每個人的人生都不可能一帆風順，因此要以怎樣的態度面對各種挑戰便至關重要。本書記述了立德如何憑藉個人的努力和恆心，克服不同的難關，更敢於創新求變，讓人稱許。他在取得成功之後，仍然不忘回饋社會，積極推動慈善活動，更是難能可貴。

我深信釀酒如為人，心正酒方醇，立德展現出得之不喜、失之不憂、寵辱不驚、去留無意的精神，值得我們每一個人學習。尤其是青年朋友，請相信，征途回望千山遠，前路放眼萬木春。

楊孫西

楊孫西博士 大紫荊勳賢 GBS JP

香江國際集團創辦人董事長及首席執行官
香港中華廠商聯合會永遠名譽會長
前全國政協委員
前全國政協常委

陳永棋

序四

史立德博士是一位有遠見且敢於創新改革的商界領袖,在創業初期便洞察當時市場不足,構思出「一站式」印刷及製作服務,並立即採取行動,成功令華彩在一眾印刷企業之中脫穎而出。此外,史博士亦把握機會,抓緊內地改革開放的機遇,令生產力更上一層樓。從史博士的奮鬥經歷可見,敏銳的洞察力和勇於創新都是成功的必要條件。

除了公司業務外,史博士身為香港中華廠商聯合會的會長,積極參與海外展銷,多次率領工商考察團交流,致力於推廣港貨。同時,史博士熱心服務社會,在其創新改革下,仁愛堂電視籌款晚會成功籌得大筆善款,對香港發展貢獻良多。

書中詳細記述了史先生對各界的往績及貢獻,並呈現了他為業界、為公益、為香港社會發展無私奉獻的精神,希望年輕一代多閱讀此書,有助推動香港工商業不斷發展。

陳永棋 大紫荊勳賢 GBS JP

長江製衣有限公司執行董事
香港中華廠商會永遠名譽會長
前全國政協常委
前全國人大代表

黃友嘉

序五

許多人談論到教育時，往往着重於書面知識的傳播，而忽略了社會經驗和生活技能，而本書所記載史立德博士的經歷正正能反映出學術知識和現實踐行相結合的重要性。

戰後的香港資源貧乏，社會缺乏升學機會，不少年輕人迫不得已要提早步入社會，靠自己打拼，史博士亦是如此，由印刷學徒開始做起，早早學會待人接物之道，不斷累積經驗。這些實幹經歷為他日後的商業拓展打下牢固的基礎，最終在理論和經驗兼備的情況下，成功開闢出自己的成功之路。

我希望新一代學生也能以史博士為榜樣，除了掌握課本知識之外，還需放眼世界，深入體驗所學知識如何能應用在現實生活中，不斷探求、學習、實踐，成為全方面發展的社會棟樑，服務社會。

黃友嘉博士 GBS JP

香港教育大學校董會主席
香港中華廠商聯合會永遠名譽會長
前港區全國人大代表

序六

史立德博士一直是我極為欣賞的一位香港企業家，他將香港人的奮鬥精神發揮得淋漓盡致，無論遇到怎樣的挑戰，都能積極樂觀地面對。他的成功絕除了因為他擁有獨到的商業眼光和決策能力，更因為其拼搏、鍥而不捨的精神。

史立德博士相信人生如賽馬，本人也是賽馬愛好者，十分認同這個看法。賽馬是一種充滿競爭的運動，想要「拉得頭馬」絕非易事，不僅講求騎師和馬匹的默契，教練團隊也需因應差異來制定適合的策略，但賽場充滿變數，即使做好賽前準備也不意味着勝券在握，最重要的是在賽後進行反思，衡量表現，並吸收教訓。當每一次的表現都比上一次好時，這就是屬於自身的勝利了。做人也一樣，只要懂得這個道理，定能超越自我。

正如史立德先生對賽馬的熱誠一樣，他從商多年仍然保持鬥心，即使面對挫折，也能堅持不懈，相信年輕的讀者們也能深受觸動，有所得着。

盧文端 大紫荊勳賢 GBS JP

香港榮利集團董事局主席
全國僑聯副主席

施榮懷

序七

作為中華廠商聯合會的前任會長,看到現時廠商會發展蒸蒸日上,深感欣慰。除了有賴各會員的團結努力外,更得益於現任會長——史立德博士的辛勤付出,他對香港廠商事業之發展,極具貢獻。

史立德博士當選廠商會會長之際,正值全球疫情和經濟不佳的困境,但他立即想出各種方法協助商會及同業,在2020年12月疫情稍為緩和時,努力爭取在亞洲博覽館舉辦購物節,排除萬難增加人流;又在2021年復辦的工展會上絞盡腦汁吸引更多市民進場,在疫情的陰霾下,為商戶增加收入、為市民提供歡樂,舒緩了當時社會上壓抑的社會氣氛,順利領導廠商會度過這個艱難時刻,足見史立德博士的智慧和創意。

史立德博士對中華廠商會、同業及香港社會發展付出良多,欣悉新書出版,在此謹向史博士表示祝賀!

施榮懷 BBS JP

恒通資源集團有限公司執行董事
香港中華廠商聯合會永遠名譽會長
全國政協常委

序八

我和史立德博士在多年前參與「伙伴倡自強」社區協作計劃諮詢委員會時相識。一直以來，史博士致力培育本地優秀人才，多次慷慨捐助和支持香港教育大學，更於 2022 年獲香港教育大學頒授榮譽院士。史博士致力支持教育，除提供教育資源外，亦積極推動教育發展和創新，貢獻良多。

史博士於其新作分享了他個人的創業及求學之路，令人印象深刻。昔日香港社會經濟環境艱苦，不少青年人中學還未畢業便要離開校園，提早投身社會，史博士也不例外。但他深諳學習的重要性，因此積極利用工餘時間進修研習，白天上班，夜晚上學，把握每一個可以增值自己的機會，其後更於香港城市大學完成行政人員工商管理碩士課程，成功將學術理論和實踐經歷結合。他對學習的熱誠正是其成功的關鍵，可見持續進修的重要性。

我衷心希望年輕的讀者們能從史博士的分享中得到啟發，珍惜每一個學習的機會，不斷增進自己的知識和技能，為自己的未來打下堅實的基礎。

張仁良教授 SBS JP

香港教育大學校長

唐偉章

序九

我與立德是結識多年的好友，一直以來都保持聯繫，得悉立德此次出版個人傳記，我甚感欣喜，獲邀作序更覺榮幸。

立德是香港傑出的工業家，其創辦的印刷包裝公司不但技術先進，更講求突破與創新，成為業界翹楚；而作為他的朋友，也因為他而有新鮮的體驗。猶記當年我剛從美國回來香港擔理大校長初期，身為馬主的立德邀我一同參加馬壇盛事「仁愛堂盃」，那是我首次踏足馬場，帶給了我很不一樣的體驗。賽馬的競爭精神在立德身上有深刻的體現，正因懷着奮鬥心、不懈的努力和堅持，使立德也在事業上領先群雄。

除了事業上的亮眼成績外，立德在公益與社會服務方面也有很大貢獻，他多年來熱心參與各項慈善活動，並且為教育提供資源。立德是理工學院（理大前身）的校友，畢業多年後不忘回饋母校。在一次為理大的籌款晚會中，立德與我們的 President Band 一起演出籌款，我彈結他，他唱歌，一曲 *Pretty Woman* 成功籌得不少善款，實為一件美事。此外，立德對理大的教育發展功不可沒，他慷慨支持，提供資源培養年輕人才，因此理大的一個演講廳是以「史立德」之名命名。而我亦很慶幸能於在任校長期間，親自頒授理大大學院士榮銜予立德。

本書分享了立德經歷的磨難與成就，他的不同選擇取向，他的人生態度，還有他對各界的貢獻，讀者閱後定當有所得着。盼年輕一代也能從中獲得啟發和鼓勵，無畏艱辛，在自己的人生賽道上奔騰向前。

唐偉章教授 BBS JP

香港理工大學前校長
前全國政協委員

史立德

前言

我出生於 1950 年代的香港，當時社會遠不及現在進步，資源匱乏，是一個只能自力更生的年代。在過往的人生中，我曾經歷大大小小的挑戰衝擊，但一直深信只要努力不懈、不怕艱苦，終會獲得回報，這個信念幫助我度過一個又一個難關，也讓我闖出一條不同的道路。人生不是只有工作，我們應該開放自己的視野，跳出「舒適圈」，多認識外邊的人和事。我很慶幸自己踏出這一步，因而有機會參與不同商會及慈善機構，並且重投校園，創造精彩人生。希望這些經歷可以啟發更多年輕人勇敢面對生活中的挑戰，努力追求自己的夢想。

在此，我謹向雙親致謝，正是他們的悉心培育，我才能擁有堅毅不屈的精神。感謝在天國的父親，他是我的榜樣，在我還小的時候，他辛勤工作，獨力承擔全家的生計，讓我們過上安穩的生活；感謝母親，她是我的啟蒙導師，教導我做事要認真、腳踏實地，讓我明白只要鍥而不捨地努力，就必定會有出頭天。父親的奮鬥精神及母親的淳淳善誘，造就了今天的我，我深深感謝他們的愛和教導。

我還要感謝一直陪伴在我身旁的太太，我倆識於微時，她是我人生中最重要的支柱，更是我成功路上最堅實的後盾。感謝她多年來對我的支持和對家庭的付出，給我一個美好的家，讓我能無後顧之憂。還要感謝我的兒子和女兒，讓我的人生更加圓滿。

此外，我衷心感謝丘應樺局長、梁君彥先生、黃嘉純先生、楊孫西博士、陳永棋先生、黃友嘉博士、盧文端先生、施榮懷先生、張仁良教授及唐偉章教授，在百忙中抽空為本書賜序，並感謝余皓媛女士統籌策劃《城傳系列》，讓這本書得以出版。

最後，我想向所有支持和幫助過我的前輩和朋友致以最深切謝意。正是這些鼓勵，我才能在人生路上堅定前行。作為土生土長的香港人，只要力有所及，我會繼續為香港作出貢獻，令香港的未來更加美好、更加繁榮。

不一樣的
印
記
THE UNCOMMON JOURNEY

第一章
磨練的年代

若沒有努力上進的動力，很難再上一層樓，世事沒有不勞而獲，No Pain No Gain，若不付出，就不會有美好將來。

「寶劍鋒從磨礪出，梅花香自苦寒來」，人也一樣，只有不怕艱苦磨練的人，方能獲得成功。華彩集團有限公司主席兼創辦人、中華廠商聯合會會長史立德（SBS, BBS, MH, JP）在艱苦的年代，以不屈不撓、敢試敢闖的精神努力打拼，獲得驕人成就，更於 2023 年獲香港特區政府頒授銀紫荊星章（The Silver Bauhinia Star, SBS），貢獻備受肯定。

史立德成長於資源匱乏的 1950 年代，初中畢業後便投身社會，雖然年紀輕輕，但刻苦自強，從印刷學徒做起，晚上下班後便到夜校上學，增值自己。16 歲那年，不幸經歷工業意外，手部受創，這對一名初出茅廬的年輕人來說，打擊之大可想而知。

然而，史立德沒有因此而灰心喪志，反而在家人、醫護人員、同學及朋友的鼓勵下，重新振作，慢慢復原。就是這種遇難不屈、遇事不怕的精神，造就了他日後的輝煌成就。

史立德在不同行業吸收經驗後，抱着「在哪裏跌倒，就在那裏站起來」的態度，再次投入印刷行業，更於 1985 年創立華彩，打破行業內「斬件式」的製作流程，提供「一站式」的印刷及包裝服務，成功令華彩高速發展，鶴立雞群。

1980 年代，內地改革開放，史立德看準時機，將華彩部分生產線移至深圳市寶安區，令華彩更具規模。過程也非一帆風順，面對不同的營商環境，如配套設施不足、文化差異、工人培訓等挑戰，史立德憑藉過人的睿智與靈活的處事方式，將難題一一解決，讓華彩的發展更上一層樓，所聘員工由最初的二十多人，增加至高峰時期的過萬人，並獲得多個全球知名品牌青睞，成功闖出國際。

史立德在事業獲得成功，並沒有就此停下腳步，反而撥出更多時間關心香港商界及工業發展，於 2002 年加入香港中華廠商聯合會，更在 2020 年獲選為第 42 屆會長，積極促進香港工業與貿易發展，改善營商環境，特別是帶領同業抵禦疫情，工作有目共睹。此外，他關心社會，樂善好施，深信「能為社會付出，就是自己的福氣」，以不同方式回饋社會。即使工作忙碌，還鼎力支持各項社區及公益活動，先後出任過四十多項公職，包括黃大仙區議員、仁愛堂主席、仁濟醫院總理黃大仙區健康安全城市主席等。

雖然史立德很年輕已離開校園，投入社會，但他好學不倦，一邊工作，一邊進修，於香港城市大學完成行政人員工商管理碩士（EMBA）學位。他支持教育不遺餘力，慷慨捐贈，多所大學均有以他命名的演講廳及教室。此外，許多大學為表彰其對教育的貢獻及卓越成就，均向他授予榮譽院士勳銜，包括香港城市大學、香港理工大學、香港教育大學、香港都會大學及職業訓練局等。

史立德的起步點與時下年輕人一樣，然而憑着超凡的毅力與魄力、前瞻的眼光識見，加上無私的奉獻精神及對社會的關顧，為自己的人生添上斑斕的色彩，活出不一樣的印記。

莫欺少年窮

生於斯、長於斯的史立德，出生於社會普遍貧窮的 1950 年代，他就像同代成長的香港人一樣，雖然面對艱辛環境，求學及發展機會少，但仍然力爭上游。那時香港新生一代許多在少年時已經投身社會，其中不少在工廠當學徒，在辛勤工作的同時，仍然努力讀夜校進修。其中有部分人經過多年奮鬥，在本身的專業領域嶄露頭角，有的更白手興家，胼手胝足地經營自己的企業，甚至進軍國際市場。他們見證香港過去數十年的高速增長發展，也曾面對不少政治及經濟風浪，既克服挑戰，同時迎接機遇；在外部環境及香港社會急遽變遷下，堅持努力不懈，因應變化轉型應對。

史立德，是典型的「紅褲子」出身，由印刷廠學徒起步，然後把握機會創業發展，成為香港及華南地區最具規模和和最先進的商務印刷及紙品包裝集團的創辦人。回顧自己成長的 1950 年代，史立德提到當時的香港社會遠遠不及今

經濟起飛的 1950 至 1960 年代

1940 年代，香港經歷了日本侵佔及管治的「三年零八個月」，經濟受到嚴重破壞。香港重光後，社會經濟凋敝，百廢待興，但旋即受到內地局動盪影響，大量人口南移，令香港社會繼續面對重大變遷。

第二次世界大戰爆發前，香港雖然有本土輕工業，但轉口貿易一直是經濟支柱。1950 年代初，韓戰爆發，聯合國對剛剛成立的中華人民共和國實施禁運，香港轉口貿易受到嚴重打擊，對內地貿易額大跌。然而，這次國際危機為香港帶來轉機，缺乏天然資源的香港，就轉而發展勞力密集及以出口為主導的輕工業。自始，製造業在香港本地生產總值及就業總人數中，佔有愈來愈重要的位置。

這時期，紡織及製衣等行業構成香港現代工業的基礎。第二次世界大戰之後，上海大型紡織廠相繼南遷香港，成為香港紡織業迅速發展的契機。紡織業成為香港製造業的主導行業。香港出口產品不少行銷至西方國家。這些新興工業成為香港的經濟支柱，並且吸收了戰後大量內地移民及年輕新生代香港人所構成的廣大勞動力。當時戰後出生的一代，就在這個時代背景下掙扎求存。

天般進步，任何事情都要靠自己。那時候，香港家庭一般都有較多孩子，史立德有五兄弟，他排行第二，很早就要出來打拼，踏足「社會大學」。「那時候成長的人都要自力更生，沒有人會幫助你，就好像野外求生般，給你一柄刀子和火柴，就要出去自找出路。」

當時香港經濟環境差，很多家庭還會做外發工作，如由製衣廠取衣服，在家剪線頭、穿塑膠花、為玩具上油，家庭主婦和一家大小一起出動。

史立德的父親在一家紡織廠的食堂當「伙頭大將軍」（廚師）。當年香港很多工廠都設有廚房，為全廠工人提供膳食，尤其是當時具規模的紗廠，都是早年從內地南遷香港。這些工廠僱用大量工人，並提供膳食。史立德的母親則沒有外出工作，留在家裏照顧五名孩子。

史立德童年時於九龍長沙灣長大，舅父在區內開辦了一所小學，為節省生活開支，史立德和家人住在小學校舍，度過童年生活。雖然生活條件欠佳，但幸運地五兄弟可以享受到免費教育，在舅父的學校完成小學階段。

當年香港社會普遍家境困難，教育水平不高，加上升學機會不多，那一代的年輕人，由於沒有經濟能力繼續升學，便投身社會，努力工作，以改善生活。

紅褲子

形容那些由基層出生，憑着個人努力和才華，逐步攀升獲得成功的人。「紅褲子」一詞源於戲班，相傳戲班的一次演出觸怒了玉皇大帝，玉皇大帝遂下令火燒梨園。火神華光因不忍戲班的演出失傳，於是教導戲班穿上紅褲子，模仿被火燒的假象，成功瞞騙玉皇大帝。此後，戲班供奉起華光火神，戲班演員也會穿上紅褲子，而花旦和小生一般都由穿紅褲子的演員擔任，故後來引伸為出生基層，後靠努力成功的人士。

1950 年代的
香港街景

史立德的母親也曾受過教育，明白知識的重要性，既然子女欠缺升學機會，便鼓勵他們學習一門手藝，只要有一技之長，就可以謀生。由於當時香港沒有職業訓練學校，年輕人只能找工作，當學徒，邊做邊學。

在 1950 年代，不少內地商人南下來港，並開設紗廠和紡織廠，需要大量勞工，同一時間，有很多內地人逃難移居香港，滿足了人力需求。到了 1960 年代，香港製造業發展蓬勃，紡織廠、製衣廠等林立。

這時期，香港年輕人口大增，進一步為新興工業提供大量年輕勞動力。根據香港政府統計數字，香港人口由 1950 年的 220 萬人，增加到 1961 年的 307 萬人。少年時代的史立德跟眾多的同輩一樣，踏出校門後，就投身社會謀生。

肯學肯做的印刷學徒

1960 年代後期，史立德畢業後，由於兄長已經從事印刷業，因而便帶他入行，到一家小型印刷廠當學徒，從此與印刷行業結下不解之緣。

當時印刷行業屬體力勞動型工作，原因是紙張笨重，而且需要經常搬運。當學徒的其實都是「打雜」，什麼都要幹，

1950 年代
工作中的紡織廠工人

月薪只有數十港元。以當時香港的物價水平計算，一個麵包的價錢大約是一毫至一毫半。史立德不怕辛苦，每天早上 8 時上班，必定先為工廠的印刷機加添機油，好讓師傅上班時，印刷機已經準備就緒，然後一直工作至黃昏 6 時，再加班到 9 時，接着趕到夜校上課。

1960 年代，香港印刷業開始興旺，但多數是較小型的印刷廠和作坊，印刷廠的機器及製成品相比現在簡單得多，都是一張紙放進機器，然後進行印刷顏色及切紙等加工工序，不像現在都是使用光纖、數碼印刷及電腦調色等先進印刷設備。

印刷是一行專門技術，史立德回憶，當時印刷排版仍然需要用鉛製字粒逐一砌成，即是當時俗稱的「執字粒」，將字粒排進一個框裏，再用螺絲栓好，或者是有圖畫的就製作電版，蝕進鉛裏，再製作成一個版來印刷。時至今日，這些工序都已經由電腦完成。

當時史立德當學徒的印刷廠，主要印刷單張及各家公司或商行開列發票時使用的單據簿。後來技術先進了，印刷廠會使用較大部的柯式印刷機。當時香港工業開始起飛，很

排字工人於人字形字架前
按稿件檢排鉛字

多都是為外國廠商和品牌進行加工業務，工業製品包裝需
求量大增，成為重大商機。

艱苦奮進的夜校生涯

史立德好學奮進，年紀輕輕已懂得為未來打算，在完成小
學後投入社會工作，日間在印刷廠當學徒，晚上還會上夜
校繼續進修，先後就讀大同中學夜校、博允中學、易通美
專、葵涌工業學院、理工夜校課程。那時候，史立德晚上
在工廠加班到 9 時，隨即趕到夜校上課。他還記得，有些
夜校晚上 9 時 30 分才開始上課，到 11 時多才放學。史立
德也曾唸夜英專，因為他相信「唸好英文，對未來發展一
定大有幫助」。日後，在他經營自己的企業時，早年下苦
功學習的知識，都能大派用場。「當年大家的生活就是這樣
打拼出來。若沒有努力上進的動力，想再上一層樓就很困
難。世事沒有不勞而獲，No Pain, No Gain，若不付出，就
不會有美好將來。」

夜校的快樂時光

這種日間上班、晚上唸書的生涯，史立德經歷了好幾年。
工讀生活並不容易，但也有開心難忘的時候。史立德回憶

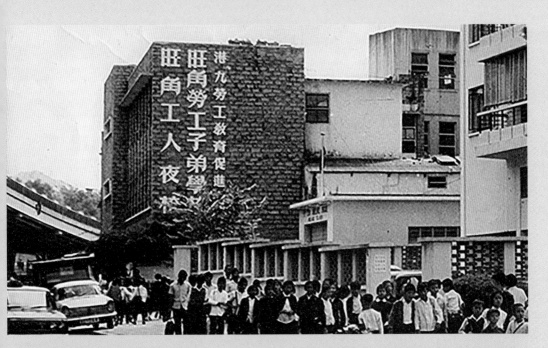

（上）
1950 至 1970 年代
夜校林立
圖為 1957 年成立的
旺角工人夜校（港專）

（下）
1978 年青年工人
在夜校上課（港專）

這段工作和求學歲月，認識了很多同學，大夥兒有快樂的時光，例如聖誕節和新年時，大家會開派對，在課室拉走枱櫈，騰出空間，用縐紙繞着光管作裝飾及營造氣氛，派對就開始，大家一起玩遊戲跳舞。

經歷工傷　改變人生軌跡

然而，一次工業意外，令年輕的史立德突然面對人生一次沉重打擊。當時他在印刷公司工作，一時不慎，右手遭捲進啤機內壓傷，隨即被送往伊利沙伯醫院診治。經過三個月漫長的留院時間及多次接駁手術，這些經歷對年僅 16 歲的史立德簡直是晴天霹靂。

在那時期，工業意外時有發生。例如當年有許多塑膠廠會使用啤機生產，印刷廠則會有機器處理啤切的工序。早年的機器比較簡陋，缺乏安全設施，令工人容易受傷。很多製造塑膠花的工人，都曾因為使用塑膠啤機而受到不同程度的傷害。

史立德在留醫期間，心裏感到很焦慮、灰心、徬徨，前路茫茫，自己還年青，想道：「右手受傷了，失去活動能力，這樣一輩子就完了，以後怎麼辦？」可幸當時有病房的護士及家人安慰和鼓勵：「不用擔心，只要你鼓起勇氣面對，

讀夜校

當時很多年輕人雖然學歷不高，缺乏升學機會，但艱難的環境未能阻撓他們求學上進的心。很多年輕人日間工作之餘，下班後都會到夜校上課。1960 及 1970 年代，香港夜校林立，包括夜中學、專門教授英文的英專、商科夜校、工專及無線電學校等，還有香港理工大學前身的理工學院，早年也有開設夜校課程。黃昏時份，工業區街頭上經常可看到許多青年工人下班後匆忙趕到夜校上課。

一定會痊癒,而且你更會娶一個好老婆、靚老婆!」當時各人的一番話,令史立德銘記於心。多年後他回憶當日情景,説:「今天我幫助人,都是受當年自己曾受傷的經歷所影響。」

昔日的鼓勵,成為了史立德日後的奮鬥目標,也為他的人生發展奠下基礎。

史立德面對挫折沒有屈服,受了工傷沒有「躺平」,反而勇敢面對,迎難而上,發奮圖強。幸好當時得到家人的支持,母親及朋友的鼓勵,讓他從傷痛中慢慢恢復過來。

香港最先興起的製造業是紡織,產品以出口為主,銷售往英國、西歐及美國市場。然而,因世界局勢變遷,香港經濟及工業界都受到影響,並且要因應時勢變化思量對策,靈活調整,製造新產品出口,成為香港下一個支柱產業。香港人以靈活見稱,這本領就是在這個時代練就出來的。

到了 1970 年代,以出口及製造業主導的香港遭遇另一次挑戰。當時西方國家貿易保護主義抬頭,對香港出口紡織品實施配額限制,紡織及製衣業面對很大衝擊,很多工廠關門。1973 年發生世界石油危機,香港固然受影響,加上通脹加劇、租金及工資等經營成本上升,促使香港經濟出現第二次轉型,從製造業基地轉向多元化經濟發展,舊產業逐步淡出,新興行業開始登場,先是製衣業、假髮,接着

有塑膠、玩具業等接棒，成為推動香港工業繼續發展的火車頭。

這時期，香港工業從過去的勞工密集型，逐步轉向高增值及技術密集型，紡織製衣業等勞工密集型工業在出口總值的比例逐漸下降，而技術密集型的工業，如電子、鐘錶等，則相繼興起，接力成為香港工業的生力軍。

很多香港人因應經濟變遷而轉型，投向生產這些新興產業。在這大潮流下，史立德也在考慮自己的出路。

山不轉路轉　轉投製衣業

俗語說：「山不轉路轉，路不轉人轉。」史立德康復後，便要考慮往後的謀生問題。他因為受過傷，操作機器及搬動紙張較不方便，就沒有再從事印刷業，而是轉到製衣廠工作。當時他想：「既然自己做製衣，不如進修一個相關課程吧！」於是他到理工學院修讀時裝設計的課程。

本來史立德打算從此轉行製衣業，可是因為時代與環境的變遷，二十多歲的他再次面對另一個人生交叉點；而他所作的抉擇，也對自己日後事業發展產生非常深遠的影響。

蓬勃的香港製造業

1960 至 1970 年代，可稱為香港的「獅子山下精神」時期，製造業蓬勃，人人勤勞工作打拼。從 1950 年代初到 1970 年代，香港工廠數目由不足 2,000 家，增至 1970 年的 16,500 家，從事工業人口由 8 萬多人增至 1970 年的超過 54 萬人；1970 年，製造業總產值佔香港生產總值 30.9%。至此，香港已確立為一個新興工業城市。

邂逅另一半

日間打工，下班上學，同學們舉行很多交流活動。史立德就在一次聚會上，遇上來自另一間商科夜校朋友的同學顏景蓮，也就是今日的史立德太太。史立德對她一見鍾情，後來大夥兒一起參加活動，逐漸熟絡。史立德以研究功課為由，對她展開追求，更主動約她的父母吃飯，這正如史立德經常說：「一切都是要靠自己爭取的。」每一個人應該為自己訂立目標，之後就往目標進發，努力爭取。

史立德說，太太一家兄弟姐妹多，她是家中長女，很早就要出來工作，也很照顧兄弟姐妹。大家工作及上學都十分忙碌，只能在星期六、日約會。相處了五六年，一次，史立德的母親主動對他說：「不如你們結婚吧！」更說要約女方家長見面。當時史立德還未決定何時結婚，在母親的建議下就加緊籌備。

現今香港年輕人常抱怨結婚找房子很困難，其實當年史立德與太太結婚找新居，同樣很不容易。那時令他們困惱的，就是要物色婚後的新居所。在香港，「上樓難」並非新鮮事情，那時他們知道登記結婚後，可以申請編配公屋單位。於是，向來很有主見的母親便出面約女家父母見面，婚事就在母親安排下進行。

婚後，史太對史立德半開玩笑説：「你還沒有向我正式求婚！只是對我説：『有機會上樓，我們就去登記結婚吧』，就這樣騙了我！」

新婚的史立德夫婦住在葵涌石梨貝的公共房屋，屋邨單位十分狹小，僅容兩人棲身，跟現在的「劏房」恐怕不相伯仲。當時新居位於舊區，樓下是街市攤檔，衞生環境欠佳，這舊型屋邨後來已經拆卸。

婚後，史立德和太太一起工作，為這兩口小家庭努力，是典型香港家庭的「公一份，婆一份」。史立德還記得，太太懷第一胎時，正在港島柴灣一家報章的廣告部工作，細心的史立德每天早上陪她由美孚乘坐巴士長途跋涉往柴灣上班。

回想這段歲月，史立德説：「香港人就是這樣成長，這樣生活，努力為未來奮鬥。」他們除了見證香港經濟起飛的時代，還見經歷巨大轉變的時刻，包括香港回歸及內地改革開放所掀起的驚天動地變化。

史立德與
太太顏景蓮

時局變遷　靈活變通

到了 1980 年代初，史立德在製衣廠工作已十年，能幹的他從倉管員開始進入寫字樓工作，其後晉升到負責收發及跟進訂單。當時正值中英兩國談判香港前途問題的時候，英國首相戴卓爾夫人訪問北京後，香港社會一度人心動盪，市場發生很大波動，他工作的製衣廠因銀行收遮，周轉不靈而倒閉。

其實他在製衣廠工作時，工餘時仍協助兄長經營印刷業務。1980 年代初，香港經濟起飛，電子行業及玩具業蓬勃，出產了大量原子粒收音機及塑膠玩具，這些產品都需要大量包裝盒。包裝紙盒印刷後，還要進行其他工序，因此當時市場需求甚殷。史立德獨具慧眼，洞察商機，製衣廠倒閉後，果斷決定重新回到印刷業。

30 歲出頭的史立德並沒有因失業而失意，反而克服昔日工傷，重新投入印刷業。許多年後，史立德在商業一台《881 有誰共鳴節目》中談到昔日自己成長歲月不同時期的經歷，憑歌寄意，播放了《阿信的故事》、《錦繡前程》和《My Way》等歌曲。其中他有以下分享：

> 開始打工仔生涯後，自己一直都是日間工作，晚上唸書。不論打工還是創業，都希望有一個美好前程、美好的將

史立德與
太太顏景蓮

1984 年 12 月 19 日
英國首相戴卓爾夫人
到北京訪問
與中國領導人鄧小平
商討香港前途問題

史立德夫婦
結婚照

來，當然要實是求是，箇中當然荊棘滿途，充滿許多辛酸，有汗水、有淚水。人生最重要是有目標，心存希望，向着這個希望去跑，總比沒有方向好。

我做人的格言，是「在哪裏跌倒，就在那裏重新站起來」，有了目標，就可以向前繼續進發。做人只要有目標，有了前路，每人總會有自己的路。當然，年輕的時候不懂得走哪方向，但有朋友、父母的鼓勵。如自己受了工傷後，母親對我說：不要緊，雖然有挫折、受傷，不過只要定了人生目標方向，就能走得更遠、更好。因此最重要是認清自己的前路和方向。

因為（當年受了）工傷，所以在哪裏跌倒，就在那裏重新站起來。雖然自己在做印刷時受傷，但也在印刷行業建立自己的事業。都是比較辛苦，這一段路都是比較艱苦，白天工作，晚上唸書，壓力挺大，因而受傷。

談到自己 1980 年代初遇上失業，然後開始創業，史立德播放了歌手陳美齡在 1980 年代十分流行的《香港，香港》，並在節目分享道：

相隔了一段日子，後來轉做製衣，當時製衣業在香港十分蓬勃，前景很好，我就轉行做了十幾年製衣。後來中英談判香港前途問題，英國首相在北京人民大會堂前跌了一跤，

史立德夫婦
與一對子女

香港經濟大幅波動，影響所及，銀行收水，製衣廠倒閉。當時自己約 30 歲，不知何去何從。想到自己曾經做印刷行業，不如重新回去做印刷這個自己熟悉的行業，再重新打拼。這樣，機緣巧合下，就開始了自己的印刷事業。

他也藉着姜濤的《蒙着嘴說愛你》，表達對母親和太太這兩位「生命中的貴人」的情感：

> 人生路上，很多貴人。母親已 96 歲，仍然很健康，非常感恩。另一位是太太，因為結婚時，經濟環境不是很好，大家齊心合力。人生經歷遇到的貴人都不同，有些是啟蒙老師的啟發，有些是朋友或在工作時遇到的同事。我要向太太說「多謝您」，四十多年，一起互相同行。

「塞翁失馬，焉知非福」，這次轉換軌道，成為了史立德人生中的轉捩點，扭轉了他日後的發展軌跡。

史立德
的母親

史立德於
2017 年
獲時任特首林鄭月娥
頒授銅紫荊星章

第二章

創業奮鬥路

要不怕辛苦，勇於走出舒適圈，因為「力不到不為財」，希望有創業心志的年輕人不要害怕辛苦，雖然今天時代不同，不過每個時代都會有本身的機會，視乎你能否把握。

大額投資　膽識過人

開始走上創業之路後，史立德初時繼續在兄長印刷廠內搭檔。過了一段日子，決定自立門戶，另創一番天地。

創業何來資金？如何起步？那時史立德只有數千元，和太太在新葵芳花園購置了一個單位，仍在每月供款。史立德具有企業家的膽識，毅然將居住的單位在銀行作按揭抵押，取得首筆資金用作租置廠房及購買設備，並以分期付款方式支付。

當中他印象最深刻的，除了太太全力支持，拿出全部積蓄外，更得到一些朋友和客戶支持。踏上創業之路前，有不少客戶願意支持他出來打天下，更有客戶借出資金協助，這都是基於朋友間的互相信任。就這樣，史立德開始營運新公司業務。

史立德給新公司取名「華彩」，公司設於葵涌。剛起步，他就作了一個很大膽的決定：廠房面積達 8,000 呎，機器設備齊全，並且聘請了二十多名員工，以當時行業的標準來說，這已算是僱用很多人手，投資額比較大。

史立德新公司開業初期，繼續為這一批熟客的產品加工。

香港的印刷廠會製造不同的產品，華彩就專門印製包裝紙品，服務不同行業所生產的各類製品，如玩具、日用品、

華彩創立初期
史立德與員工合照

五金、化妝品、月餅、西餅、餅乾等，這些產品都需要包裝盒。此外還有電子產品，以及後來的手機及平板電腦等，其中部分製作難度較高，加上用作原材料的紙張需要作去塑化程序，方能循環使用。

眼光獨到　找到市場機會

史立德對印刷與製作的工作流程及香港行業生態瞭如指掌，因此從中找到新的商機，為公司打開新局面。當時香港的工業界，不少行業都由眾多中小型工廠支撐，一間工廠不可能獨力完成所有生產工序。一般來說，生產工序是「斬件式」的，如有些工廠專門做電鍍，另一間工廠則專門製造塑膠外殼。

印刷行業也是一樣。印刷業涉及多個複雜的工序，由於投資額巨大，專門做不同工序的機器價格昂貴，並非一間中小型工廠能夠獨力負擔。當時香港印刷業鮮有一間工廠能獨自完成所有印刷及製作工序，一般都是將整個生產程序「斬件」，分散由眾多專門處理特定工序的中小型公司負責，例如甲公司專門分色，乙公司則負責製造電版。在包裝盒製作方面，有些公司只專做印刷，完成後交由另一家工廠做裁切，然後下游的公司就負責黏合包裝盒，再交由

運輸公司送貨給客戶。由於不同產品包裝盒產品包裝盒的大小不同，需要大量空間存放，所以很多工廠只能負責其中一項工序。因此，行業中眾多公司組成一個緊密的產業鏈，彼此互相依存。

華彩開業初期，因為還未有自己的印刷機，史立德決定先專注下游加工，為其他印刷廠的半製成品作上光、啤裁及黏合等工序，再將製成品包裝及付運。華彩提供的服務優質，廣受業界歡迎，成功在市場站穩陣腳，及後逐步增設本身的印刷業務。

史立德回憶說，創業時已在構思提供「一站式」印刷及製作服務，有別於行內慣常運作的模式。他認為，如果沿用固有的「斬件」方式，公司就會欠缺競爭力。若客戶只須向他落單，由他全權負責，這樣就可為客戶省卻時間和成本。曾從事製衣業的史立德指出，製衣業同樣面對相同問題，就是不同的工廠普遍只會專門製作某一類型產品或個別工序。

史立德謙稱不敢說是全港第一家推行「一站式」模式的工廠，但當年整個行業的確較少人會這樣做，因為要具備相當條件才可以付諸實行，首先要有足夠的地方空間，同時要有能力處理所有工序的器材設施；其次是投資額將會相

史立德經營華彩
事事親力親為

當龐大;最重要是要考驗經營者對工序的熟悉程度,一開
始業務就要獨力完成各個工序,有很大挑戰。史立德當時
判斷:「只有這樣做才有競爭力,而且不用花時間在不同工
序的半製成品運輸上。」於是他下了決心,勇往直前。

華彩業務逐漸壯大之時,公司剛好開始又要考慮將部分生
產線北移內地,香港廠房可以騰出一些空間添置印刷機,
開展了華彩的上游印刷服務,跟同業競爭,直接面對各行
各業的客戶。由於簇新的印刷機價格高昂,華彩跟其他大
部分印刷廠公司一樣,初期購買了歐洲的二手印刷機作生
產用途。

華彩的客戶來自不同行業,史立德因而亦參與了不同行業
商會組織,包括電子業商會、玩具業商會等,成為他日後
活躍參與社會慈善活動的開始。

香港經營工業的困難

華彩經營了數年,史立德發現在香港聘請工人愈來愈難。
史立德慨嘆:「因為這些產品都是出口為主,包裝盒往往是
最後的部分,客戶在很短的時間交貨,我們需要在指定時
間內生產出包裝盒交予客戶,不論是化妝品、電子產品或
玩具等,負責把守最後一關,生產時間都很趕急,所以工

初設於葵涌的
工廠車間

作時間很長，經常要加班到晚上 9 時、10 時，周末或假日也要開工，對現在追求平衡工作和生活（work-life balance）的年輕人來說，工作時間太長，一般很難吸引他們。

抓緊內地改革開放的發展機遇

1980 年代，香港整體出口持續上升，但製造業因為成本及工資上漲，令行業面對重大挑戰。香港工業發展面臨樽頸，工業用土地短缺、地價租金飛漲、通貨膨脹、國際保護主義升溫、勞工短缺、關稅增加等因素，都令香港廠商經營環境愈見艱難，這亦為香港工業外移埋下伏筆。

適值此時，中國大陸局勢發生變化，國家推行改革開放政策，為香港企業帶來重大機遇，改變了香港經濟及製造業的發展軌跡。

早年北移的香港工廠，大都以「三來一補」的方式運作：即港方提供原料、先進的生產設備、技術及管理，內地提供廠房和工人，成品運往香港包裝和出口。1980 年代初開始，下游及勞力密集行業如製衣、塑膠、鐘錶、電子等率先北移，至於資金和技術密集的上游工廠，其北移步伐則較晚。

由於內地的土地和工資成本低廉，加上與其他外商比較，港商有近水樓台的優勢，令許多中小型港商在內地設廠後，業務倍增，他們的成功亦激發到更多港商前往內地投資的信心。

與此同時，這些北移的香港廠商採取「前店後廠」的經營模式，位於香港的總部公司專注生產前期計劃和後期支援，如信息搜集、產品設計、爭取訂單、營銷推廣、品質管理、採購和財務等。

在國家改革開放下，香港工業家憑着鄰近深圳的地理和語言優勢，並利用內地的廉價土地和勞動力，為本地工廠遷至珠三角地區製造條件，香港工業以延外發展的模式不斷壯大。

在 1986 年至 1988 年，全國人民代表大會先後通過《外資企業法》及《中外合作經營企業法》，國務院並制訂規定，確立港商投資內地的優惠待遇。

自 1980 年代中期，國家針對「三資企業」，即合資、合作和獨資，提供各項優惠政策和措施，如放寬利用外資建設項目的審批權限，由各市自行審批；增加開放城市的企業使用外匯額度和外匯貸款金額，以便引進先進技術、進口

內地改革開放 香港工廠北移

1978 年 12 月，中共第十一屆中央委員會第三次全體會議，決定把工作重點轉移到社會主義現代化建設，具體方向是「對內改革，對外開放」。1979 年 7 月，國家頒布《中外合資經營企業法》，並提供稅務優惠，吸引外商前來投資，為香港廠商北上開設合資企業創造了條件。1970 年代末，已有香港商人率先在廣東參與設廠。

1980 年，國務院宣布將廣東省的深圳、珠海、汕頭及福建省廈門等四個地區，設為對外經濟特區，為國家對外開放掀開第一頁。香港的工業家善用與深圳一河之隔的地理優勢，以及語言相近、廉價的土地及勞動力，開始將工廠北遷至珠三角地區，深圳和東莞是初期設廠的熱門地點。

必須的設備；並向對利用外資、引進先進技術的內地企業，在關稅及企業所得稅等方面給予優惠。

在國家提供多項優惠政策措施以及立法保障規範境外私營企業到內地設廠的情況下，愈來愈多香港廠家遷往內地。根據中華廠商會統計，1979 年至 1993 年，香港工業就業人數由 87 萬人減少至 48 萬人。1979 年，香港出口總額為 559 億元，行業之中，成衣佔 36%。

北上設廠　披荊斬棘

華彩於內地初期，選擇於寶安西鄉落戶設廠，當時史立德有朋友已經在當地投產，順理成章引薦介紹，找官員及找廠址，安排搬遷。當地政府都是預先蓋了一些數層的廠房，租給香港的廠商。

史立德決定先租用當地一幢廠廈，建築物四周都是農田，一層面積已有 1,000 平方米（10,000 平方呎），香港廠房則只有 700 平方米（7,000 平方呎），後來將廠房擴展至租三層，約有 30,000 平方呎，比只有 7,000 平方呎的香港廠房大許多。

所謂「萬事起頭難」，雖然有了廠房，史立德仍要為廠房內的種種設施親力親為，連安裝照明系統都要自己動手，還要興建宿舍及飯堂，解決工人居住及膳食等生活需要；缺乏食水，就開井取水；電力供應不足，就購買發電機自行發電。

他還記得當時廠房附近的環境非常惡劣，到處路面都是塵土飛揚，好像電影裏古代征戰沙場的情景，鞋上都沾滿了泥巴，下雨時更會水浸，四周魚塘的魚都湧出來，蔚為奇觀。

適應內地制度與文化

當時港商進入內地設廠，要適應內地政策，史立德回憶時指出，這是另一個問題。香港政府一直奉行積極不干預政策，政府不會規限廠商的商業活動。可是到了內地，要跟地方政府官員、村委等打交道，難免要面對與香港截然不同的文化，如需要土地發展，要靠當地書記來解決等，港商需要適應這些文化及制度上的差異，並不是容易的事情，因此也吃盡苦頭，營業執照等都要由生產單位、村委為港商辦理，不像香港，如消防等許多牌照都是自行申請。北上後掣肘甚多，要想盡辦法來解決問題。

深圳市到處有不少宣傳板
紀念鄧小平這位偉大的
改革開放工程師

訓練工人　照顧起居

剛在內地設廠時，勞工成本低廉，工人月薪才人民幣一百餘元，後來逐漸增加至二三百元。若在香港聘請工人，已需要月薪六七千港元，甚至逾一萬元。但當時一名香港工人的生產力，可抵上十名內地工人。史立德於是帶了兩位香港的同事駐廠，內地工人大多來自安徽、湖南、四川及廣西的山區和農村，從未接觸過工業，需要從頭開始訓練。

起初訓練內地工人掌握生產所需技術，需要經歷一個艱苦過程。他們都是白紙一張，什麼都不懂。史立德和其他香港的同事需要很有耐心。此外，早期生產損耗率較高，雖然有來自香港的師傅指導，但生手的工人仍在學習期間，損耗在所難免，到工人技藝熟練，情況就逐漸好轉。若是要操作機器，須要多些時日，若只是較簡單的手工製作，工人只需一個多月就能掌握。

在內地設廠，除了工作場所，還要設宿舍及食堂，解決工人每日居住和膳食等生活所需。起初廚房還沒有蓋好，就在廠房內築起一個大灶燒柴，拿來一個巨型的鑊來炒菜，後來才在廠房外加建一座廚房。當時很多工人都是來自湖南及四川農村，喜歡吃辣，與口味清淡的廣東菜不大相同。為了讓工人更加容易適應新生活，史立德特別安排了工廠的大廚，分別烹煮適合大多數工人口味的菜及傳統廣

史立德
在寶安西鄉的
辦公室

東菜，並安排分開用膳。午餐時間，員工拿着自己的餐盒排隊輪候，每人一杓子飯菜。當天情景，令史立德感嘆：「中國人的確可以很刻苦，今天中國的成就實在得來不易。」

跨境通訊　咫尺天涯

1980 年代，許多港資工廠遷往內地後，廠商需要解決一個問題，就是內地生產基地與香港公司之間的通訊。當年內地與香港通訊並不方便，若動輒打長途電話，費用高昂。史立德於是想到一個方法，就是分別在工廠及香港辦事處各安裝一台汽車用的無線電話，然後在深圳、落馬洲毗鄰香港邊境地區，架起天線，將訊號發送到香港，與香港的同事聯繫。當時不少內地設廠的港資企業都是用這個方法。不過這種車用無線電話亦有缺點，就是通訊並不穩定，經常斷線。這情況維持了好幾年，後來內地電訊公司及服務逐步發展，跨境通訊問題慢慢得以解決。今日智能手機及各種通訊軟件發達，跨境聯繫途徑甚多，發送訊息和通話輕而易舉，範圍無遠弗屆，實在很難想像當年要打一通電話、傳一個訊息，竟然是如此不容易。

史立德經常親身到工廠視察，了解營運情況和管理實況，親力親為，所謂「力不到不為財」，他強調不論任何行業或公司，管理者必須親自到生產前線，陣前督師，仔細察看工廠及員工的情況，這是很難在香港辦公室遙遠控制的。

華彩所在的工廠大樓有五層，起初租用三層已有 30,000 呎的廠房，隨着業務迅速發展，後來更租用餘下兩層。然而地方仍然不敷應用，剛好對面有另一座同樣是五層的工廈，就租下來作擴充之用。這樣，華彩在西鄉的廠房面積已達 100,000 呎，接下來更在兩幢工廠之間建了一道天橋，方便人員、物資及貨物往來。

可是，這個情況只是暫時，及後業務進一步擴展，史立德很快就需要考慮另覓新址，建造新廠。

興建新廠房　帶來新機遇

經過多年發展，史立德發現西鄉的廠房追不上業務需要，就思量搬遷，到處物色合適地點。史立德曾到訪深圳光明新區，當時該區還是一片荒蕪，附近一帶仍有許多農田。看了覺得不大適合，打算離開，途中看到另一處地方，覺得頗為理想，就作進一步了解。對方回答這片土地是屬於

另一個單位的，後來經介紹，知道這片土地屬於光明農業總公司所有，本打算興建工廠的，於是很順利就談妥。

物色了理想地點後，下一步就是要籌備興建新廠房。不過史立德卻提出了一個特別要求：不由當地單位設計，而是由他負責構思廠房，對方也一口答應。

為什麼史立德要求自行負責新廠房的設計呢？原因是他留意到內地興建租給外商的廠房，設計古板且千篇一律，水泥建成的幾層建築物，外牆顏色一片灰暗，內部設計也未必符合工廠生產上的獨特需要。擁有多年廠商經驗的史立德覺得，工人需要將工作與生活融為一體，若整幢工廠缺乏生氣，工人上班也會缺乏動力。

史立德是包裝專家，希望新廠房能夠充分體現自己的設計與想法，期望廠房外觀設計有高科技及走在時代尖端的風格，不會予人落後之感，於是找香港的建築師設計廠房。不過他同時考慮到，若要獨力出資興建，加上租金、搬遷及添置新器等，耗費資金不菲，於是將設計圖則交由內地相關單位興建。

內地單位的人員看了建築圖則，不明所以，問道：「你是在建酒店嗎？」建成後，外觀看起來更像是香港科學園區的高新科技產業大樓，予人耳目一新之感。大堂樓頂以透明

華彩位於
深圳光明新區的工廠
建築設計新穎

物料建造，可以讓陽光透進來，訪客踏足大堂，仿如置身高新科技企業總部。2005 年 12 月 10 日，華彩集團在深圳光明鎮的新廠房揭幕，象徵史立德的印刷王國登上另一個台階，新廠房更成為公司走向國際市場的一個契機。

衝出本地　走向國際市場

多年來，史立德專門從事製作包裝產品，深諳包裝的重要性：「我的工作是要為產品穿上一件漂亮的衣服」。同一道理，一幢設計富時代特色的新工廠大樓，就跟一個全新的商標一樣，能夠為企業帶來新形象。「若要衝出本地，接觸國際客戶，就要讓他們來訪的時候，對我們有很大信心。」

「本來我們只是做加工的，後來將廠遷往內地，到後來能提供『一站式』服務，跟香港同業並駕齊驅，一起競爭本地客戶的生意。不過始終競爭激烈，因此要走出去，到歐洲、美國市場，爭取外國品牌的業務。」

因為有了這個劃時代的新型廠房，成為了華彩的一個亮麗的招牌，「令國際客戶知道我們不是主打內銷市場，而是面向國際市場」。

與國際知名品牌合作

究竟應該如何部署，才能有機會為國際知名品牌生產包裝盒？史立德說很多時候是由其他外國客戶介紹，美國有很多專職的銷售代表會向廠家介紹生意，華彩在美國也有這方面的聯繫。

在一次機緣巧合下，華彩有機會為生產全球第一部智能電話的美國著名品牌製作包裝盒。當時史立德不知道這個品牌正生產什麼產品。美國有很多專門作周邊產品採購的公司，他們會找全球不同的廠家供貨。有一家熟悉該品牌的供應商聯絡史立德，介紹一些非包裝類產品的生意給華彩。這供應商主要是做紙類產品的，某次史立德就問他們：「有沒有這類包裝盒的生意可以介紹給我們？」對方回覆說：「你想也不要想，這類大額訂單是輪不到你們來生產的。」但史立德不放棄，說：「永遠不會說不可能，沒有事情是不可能的，試試何妨？」

後來，這位採購的供應商來找史立德，問道：「你是不是想生產這類包裝盒？現在有一款圓桶狀的包裝，你看看能不能製造出來？」雖然史立德不知道這是生產什麼產品的包裝，但立即答應，並且製作了幾個樣板，但對方都說不滿意。後來供應商說要製作一個方形的盒子，問能否做得

新穎的工廠設計
有助吸引國際客戶

到。「行！」然後史立德就再製作另一些樣板送過去，都是沒有任何圖案的白樣。就這樣來來回回很多趟。

這個盒子的設計很獨特，該品牌當時找遍全球多個供應商，都沒有廠商能製作出一個完全滿足他們要求的盒子。因為製造包裝盒的紙有厚度，要將盒的四個角製作成精準的直角，完全沒有彎位，令整個盒的形狀如磚塊一樣，技術上很難做到，當時沒有生產商能夠解決這個問題，直到史立德多番研究，終於成功解決這個難題。而且所有材料都是以紙或可再生物料製造，符合環保要求。史立德想出辦法，解決了生產上的難題，還構思了相關生產工序。當時該品牌的創辦人在一次會議中，把多個不同的紙盒樣板放在桌上，最後品牌創辦人拍板，說：「我要 Allen 的這一個。」

生產過程也很特別，雖然該品牌決定選用華彩生產的盒子，但對新產品詳情一直保持神秘，史立德還不知道該品牌將要生產一款什麼類型的新產品。本來史立德還以為是 MP3 一類的產品。當時史立德正在香港城市大學修讀 EMBA 課程，課堂上曾討論過關於該品牌產品的個案研究，提及其便攜式數碼音樂播放器，大受歡迎，全球銷售了數千萬部。當時大家討論，談到如果將當時的手機通

話功能加進去這部多媒體的播放器，合二為一，必定全球熱賣。

言猶在耳，到準備生產前，該品牌才派人員到工廠來，打開電子檔案，當史立德看到產品及相關包裝盒的圖案等具體資料後，才恍然大悟，明白他們果然是朝這方向構思，而且設計特別之處在於機身沒有按鈕，全部採用觸碰式屏幕，這才明白他們原來是要生產這一革命性的新產品，而華彩將要生產的盒子是要包裝全世界第一部智能手機！

當時市場上主要品牌的手機盒多數是以紙摺成，用料比較薄，消費者購買新手機後，大多很快丟掉包裝盒。因此史立德建議，著名品牌產品的包裝應該與一般產品有所不同，例如會使用硬盒，而當時電子產品的包裝盒一般不會使用太厚的紙，史立德建議以更厚物料製作包裝盒。他看到該品牌對這款新產品的包裝盒要求十分高，因此不惜工本要開發一個令人感到滿意且與別不同的盒子。

該品牌的智能手機剛推出時，市場初時還未接受，華彩給這款智能手機生產的包裝盒數量不算多，因為還有另一家台資工廠已經為該品牌生產包裝產品，該品牌就同時委託他們兩家公司，各製造一半。可是當開始生產時，台資公司的產品質量出現問題，及後史立德前往美國，該品牌表

示會將所有智能手機包裝盒的生產交給他。不久這款智能手機風靡全球，顛覆了全球的手機市場。

後來該品牌的平板電腦面世，包裝盒也交由華彩製造；另一款比較特別、內含磁石的 smart cover 蓋子的盒子，都是出自華彩。一些專門盛載及運輸寄回美國維修的產品的回收盒，也是由華彩製造。這樣，全球消費者購買的許多該品牌的產品，都是由華彩製造的包裝盒盛載。

由於這些包裝盒全部需要以人手製作、組合而成。華彩為應付大額訂單，高峰期曾聘請超過 10,000 名工人。當時很多工序以人手生產，後來史立德就按每個工序，構思改為自動化生產，並陸續引進自動化生產設備，現在整個包裝盒生產過程已經全自動化。而該品牌對品質檢定要求非常嚴格，盒子稍有瑕疵就拒絕收貨，每日完成多少數量、損耗有多少，均要記錄及上報該品牌總部。工人進出車間等，都需要經過嚴格安檢。當該品牌每次推出新產品，生產盒子到產品推出市場，通常相隔一個月，這段期間，生產車間更是要高度戒備。

不快經驗

在多年的營商旅程中，史立德坦言不無風浪。有一次，一家代理公司找了幾間供應商，其中包括找華彩報價，該代理卻不斷壓價，並且要求在很短時間內完工。這件包裝產品是圓筒狀的，對方要求必須做到天衣無縫，不能有任何接駁痕跡，製作有相當難度，史立德需要思考如何解決這生產難題；加上當時正值農曆新年假期，大部分工人要放假回鄉，哪裏找工人來生產？為了趕緊完成，工廠上下都只能在年假期間趕工。後來，史立德知道這家代理竟然自行設廠生產包裝製品，因而領教到某些外資公司狡猾的經營手段。

另一次，生產首部智能電話的那個著名品牌委託華彩為某產品生產一款盒子，有一家美國公司見到其款式，直指這是抄襲他們一個已經作商標專利註冊的設計。當然，事實上並無抄襲其事，只是盒子外貌有點相似。這家公司揚言要告上法庭。史立德氣定神閒地說：「好的，你就去控告委託我的那家公司，跟他們在法庭上較勁吧。」結果事情不了了之。這事也令史立德體會到商場上的光怪陸離。

從事印製國際品牌包裝多年，史立德領悟到，在處理品牌時需要非常小心，因為印刷業經常會涉及知識產權，不會

在收到公司來的訂單就立即接下，而是需要經過多番核實及查證。如果訂單屬某個大品牌，也需要提供文件，證明這訂單及產品設計的確來自該家品牌。若一時不慎，為一些公司製造了假冒的產品，就要承擔法律風險。

體會內地進步發展

轉眼多年，史立德看到當年國內情況與現在相比，已有很大變化，開放程度比以前更大，許多人多了機會出國，開拓視野，了解世界的做法，思想等都大有提升，這對國家整體發展是有利的。「以前國家還沒開放，很多人想出國也沒機會，現在就有很多機會放眼世界，知道原來人家是這樣做的，更多地了解人家的文化，就會努力學習，而且會學得很快。」國內現在的情況，如居住、配套、生活環境等，較早年他剛到內地設廠時的光景，已經有很大進步。

撫今追昔　順逆有時

早年史立德和不少北上港商所經歷的困難，都是現在的人所無法想像的。當年港商進入內地，要面對很多困難，如資金緊絀，不是一帆風順。「就像人生，有環境順逆，順風

有時，逆風也有時，更會面對驚濤駭浪，甚至有機會陰溝裏翻船。」

幾十年過去了，史立德每次到內地，看到現在深圳及許多地方的公路修築得很完善，有發達的公路網，甚至比香港的道路還要開闊。回想當年，感受良多。

從早年當學徒、經歷工傷和轉行，再到年輕創業，到建立為國際著名品牌製造包裝的印刷王國，史立德過去幾十年，經過艱苦漫長的歷程。今天有不少香港年輕人希望創業，史立德寄語希望創業的年輕人：「要不怕辛苦，勇於走出舒適圈，因為『力不到不為財』，希望有創業心志的年輕人不要害怕辛苦，雖然今天時代不同，不過每個時代都會有本身的機會，視乎你能否把握。那年代很多人都是如此胼手胝足，現在已經成功建立自己的事業。」

讀書報告寫作

第二章

理修身、發光身重要調上理
。

最已目今，睡眠甚深光身已身習
背離，若省不背俗習慣忽，身不離
重修調問余留，理修身後重體理後答

由老闆成為學生

香港早期青少年升學機會有限，不少人很早就離開學校，
投身社會，幫補家計。不過很多人仍然有強烈的求學慾
望，立志向上，白天工作，黃昏下班後到夜校上課。勤奮
的史立德相信知識就是力量，年輕時也同樣到夜校上課，
還報讀英專。當他在製衣廠工作時，便曾在香港理工學院
（今香港理工大學）修讀時裝設計課程。

史立德創立自己的印刷企業後，業務迅速發展，工作非常
繁忙，更經常往返香港與內地，分身不暇，當時並沒想過
重返校園。不過，一次機緣巧合，令史立德有機會到大學
進修，更成為他日後關心本地教育、院校發展及學生的
契機。

在一次朋友聚會中，他的朋友、時任青年工業家協會會長
陳振東知道史立德一直只顧埋頭苦幹，因此鼓勵他到學校
進修，一方面增進知識，另一方面可以多認識朋友，增強
人際網絡，同學間更可分享不同經驗。陳振東以自己為例
子，他剛完成香港城市大學的行政人員工商管理碩士課程
（EMBA），覺得大有裨益。當下史立德雖然擔心下班後再
趕往上學會很辛苦，不過在陳振東推薦，以及相信終身學

習的精神驅使下，便在 2005 年報讀 EMBA 課程，並且獲得取錄。

在修讀 EMBA 課程的兩年間，史立德每星期上兩三天課，主要在平日晚上及星期六早上到大學校園上課。多年後再過學校生活，由老闆身份搖身一變成為學生，並兼顧公司業務和進修，起初也不太習慣，不過仍然堅持安排時間繼續學業，但經過數星期的「熱身」後，史立德不單不覺得像年輕時每晚加班後再上夜校般辛苦，而且課程讓他很有得着，同班有三十多位同學，都是來自不同界別和行業的翹楚，包括知名傳媒人、著名企業的高層等。史立德很享受學習的過程，與同學成立小組進行個案研究，大家分享見解，即使畢業至今，仍不時相約聚會。

考察首都機場　撰寫改善建議

令史立德印象最深刻的，就是每屆 EMBA 課程都會有一個專題研習，同學分為不同小組，深入研究個案。對史立德來說，這是很新鮮的事情。他們這一屆是以北京首都機場作為專題研習，大學安排學員遠赴北京首都機場作實地考察和調查研究，構思如何協助機場提升及改善服務，然後撰寫報告。

北京首都機場，位於北京市朝陽區及順義區，曾經是世界排名第二大客運的機場

一眾學員經過數天的視察及研究，對機場運作有了基本認識，大家集思廣益，並提出改善方案，包括建議如何有效管理機場的手推車。據知，北京機場方面會按照他們所提交報告來制定改善措施。這次走出課室的學習經歷，給史立德留下深刻印象。

課程的得着——理論和實踐融會貫通

談到修讀城大 EMBA 課程的最大收穫，史立德認為是能將學術理論和自身實踐融會貫通，在思維上得到重大啟發，學會如何將學習到的知識應用於企業日常運作上：「明白到不能只埋頭苦幹，特別是有時學術理論説得動聽，但未必能夠實行；至於實戰經驗豐富的人，無疑懂得如何實踐，但由於沒有學術理論基礎，總會欠缺系統，難以完整地説明道理。當兩者結合，就能夠達到最完美效果。」

他認識到，學術理論重視條理，思考問題時要有步驟，因此修讀課程的最大得着，就是幫助自己培養系統性思維，令自己在管理上能夠更有系統、有條理，不會只憑經驗及想像作決策，改變了以往在工作上純粹憑直覺解決問題的處事方式，並且懂得藉着學習到的商業及經濟理論，結合經驗，將思維及決策提升到更高層次。

城大商學院設於
劉鳴煒學術樓 12 樓

史立德在城大修讀 EMBA 時
與同學前往北京首都機場作
專題研習

此外，課程還會教導學員如何利用最新科技處理公司營運，減少人手出錯，提升產能和效率，包括教導學員學習利用電腦等工具處理企業日常運作、改進生產流程等，這些訓練都是過去所缺乏的，現在能於日常工作上妥善運用。

2022 年 12 月，史立德接受商業一台 881《有誰共鳴》節目訪問，分享自己在香港城市大學修讀 EMBA 的經歷。在節目中，他分享了曾經風靡全球的韓國流行曲《江南Style》，比喻人要堅持不斷創新，做到老，學到老。正是這份精神，推動他進修與不斷學習：

> 年輕人要不斷創新，自我增值，我也不例外。過去自己一直日間工作，晚上進修。後來自己創業，二十多年後，我又在機緣巧合下，報讀了香港城市大學的 EMBA，給了我很多啟發，就不單只是埋首苦幹、實踐，是要有系統及理論，再加上我們的實踐，就能發揮出新的思維。人要創新，做到老，學到老。

關心及支持大學教育

史立德畢業後，繼續關心城大的發展，不但積極參與，更大力支持，包括應校方邀請，參與城大基金會的工作，成為榮譽副會長及參與資深校友組織城賢匯等。

2007 年
史立德畢業於
香港城市大學的
行政人員
工商管理碩士課程

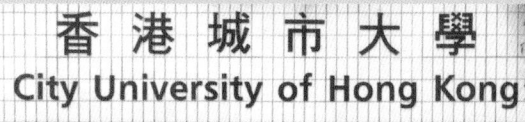

（上）
史立德與城大
EMBA 的同學
拍攝畢業照片

（下）
史立德與
不同行業的同學
仍不時相約聚會

2018 年 3 月，城大校方將劉鳴煒學術樓 6208 行政教室命名為「史立德行政教室」，以表彰史立德對城大的慷慨捐贈。2021 年，史立德更獲頒授香港城市大學榮譽院士。此外，史立德留意到由於香港沒有畜牧業，難以培育相關人才，結果是長期以來的獸醫都被海外壟斷，如馬會的獸醫多數來自澳洲或新西蘭，因此當他看到城大得到馬會支持成立獸醫課程，深表贊同，覺得對香港培養本地獸醫人才是一件好事。

史立德熱心公益，曾擔任仁濟醫院總理、仁愛堂主席等，而香港的大學也會聯繫這些熱心的商界人士支持大學教育，邀請他們加入大學的委員會。

除了參與城市大學的發展，史立德更熱心支持其他大學及院校工作，例如他曾在 1980 年理工大學的前身香港理工學院修讀過服裝設計課程，便以理大校友身份，對理大作出捐贈，並於 2017 年獲理大頒授大學院士銜。

此外，史立德更捐贈及支持香港浸會大學及香港教育大學的發展。他在參與社會服務時，認識當時任教浸會大學的張仁良教授，獲邀加入一個撥款委員會。後來張仁良教授出任香港教育大學校長，史立德也向教大捐款。教大在

2018 年 3 月 16 日
史立德與家人出席城大
「史立德行政教室」命名典禮

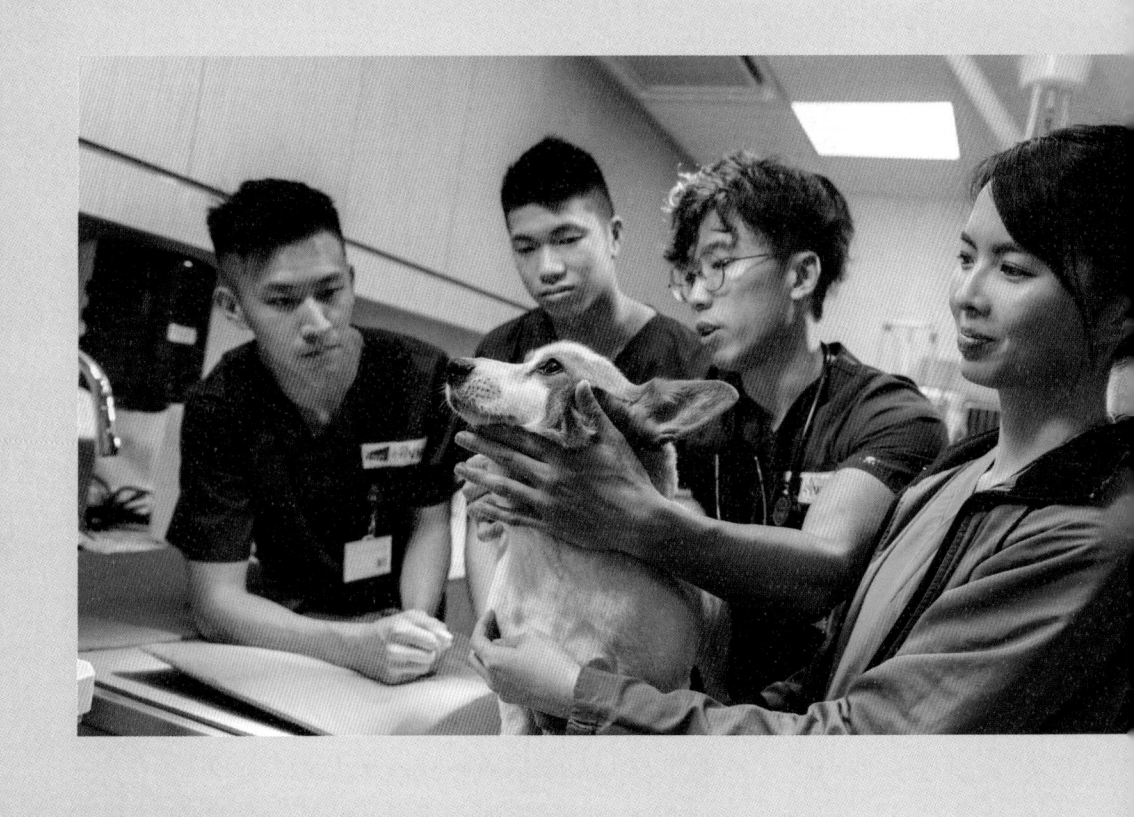

史立德認為
城大的獸醫課程
能培育獸醫人才
對香港未來發展
非常重要

2017 年 3 月將校內一個演講廳命名為「史立德伉儷演講廳」。2022 年，教大向史立德頒授榮譽院士。

史立德一直贊助多個獎項及資助計劃，以支持學生發展活動。而在推動業界培訓新人方面，史立德更加不遺餘力，支持職業訓練局的工作，於 2011 至 2017 年擔任印刷及出版業訓練委員會委員，加入委員會轄下的技能比賽工作小組，致力培養年輕人學習一門技藝，參與制定新課程，內容還涵蓋設計等範疇。

支持香港教育的初心

2017 年 1 月，史立德獲香港理工大學頒授大學院士銜，在典禮的答辭中，有以下一番話，道出了即使在成長時期沒有機會接受良好教育，他仍然堅持爭取每一個機會，充實自己，並且有志於貢獻香港教育的心路歷程：

> 我是土生土長的香港人，回顧自己出身於貧困家庭，艱苦創業的歷程當中遇到不少困難，亦曾見證及參與香港、內地的經濟發展和變遷，感嘆今天的年青人和我年少成長的時代相比，大有天淵之別。由於昔日社會經濟環境困難，生活極不容易，我在欠缺接受良好教育機會下成長，所行的道路比今天的年青人更為崎嶇，但我並沒有埋怨和放棄，積極

2016 年 6 月 24 日
史立德在理大的
「史立德演講廳命名典禮」上致辭

善用工餘時間進修研習，期間曾報讀香港工業專門學院（理
大前身）的晚間課程，在我艱辛的奮發歲月中得到培育和激
勵。今天，當想到事業略有微成，理應付出一分綿力，當為
教育作出貢獻。

寄語年輕人努力

以前年輕人成長環境艱難，明白必須掙扎求存，知道自己
若不努力就不會有出頭之日，於是都在工餘中學習。儘管
今天香港與世界面對截然不同的時代與變局，史立德勉勵
今天的年輕人要珍惜眼前機會，好好學習，要努力，走出
自己的舒適圈，擴闊自己視野，放眼國家及世界。今天世
界資訊發達，年輕人要有分析能力，懂得分辨真假，不要
人云亦云。

（左上）
2017 年 1 月 24 日
獲香港理工大學
頒授大學院士銜

（左下）
2022 年 10 月 28 日
獲香港教育大學
頒授大學院士銜

（右上）
2021 年 9 月 24 日
獲香港城市大學
頒授大學院士銜

（右下）
2022 年 11 月 4 日
獲香港都會大學頒授
大學院士銜

2017 年 3 月 16 日
史立德與家人出席
香港教育大學的
「史立德伉儷演講廳命名典禮」

第四章
公益助社會

不論做慈善活動、做商會，以及自己做包裝的生意，都必須具備這些要素，一看就知道與別不同，有着眼點，有新鮮感。

參與商會　廣結商緣

「獨學而無友，則孤陋而寡聞」。史立德在努力工作之餘，也明白建立人際網絡的重要性，所以在打拼事業之同時，積極投身不同行業的商會組織，認識各行業的朋友，既開闊眼界，同時擴闊社交圈子。

史立德抱持一個信念：「人若只是自顧自地埋頭苦幹，劃地自限，不跳出原來的框框，就不會有進步。若我沒有走出去，就不會認識其他界別的人，也不會去香港城市大學唸EMBA課程。人生存就要有 networking，若果缺乏關係網絡，怎樣認識到各方好友？」

當時史立德參加商會，會員大部分是經營工廠的，大家在自己的行業打拼，無私地分享本身行業範疇的經驗，交流營商心得，如分享如何應付經營成本上漲等問題。

史立德有開放的胸襟，樂意主動結交各界人士，多聽不同角度的意見，提升自己的眼界水平。而在參加商會交流之時，更有機會得到意外收穫，就是潛在的商業機會，如在商會活動場合遇上經營玩具廠的會員、製造相架的公司老闆，史立德具備企業家的敏銳觸覺，懂得藉此機會了解對方是否有需要包裝紙盒。這都是建立聯繫、尋找機會的路徑。要認識電子行業，可參加電子商會；當知道玩具行業

對包裝盒需求量大，就參加玩具業商會。不說不知，史立德現在仍然是玩具業商會副會長。

1980 年代中後期起，香港廠家的其中一個熱門話題，就是互相打聽內地有哪些地方適合港資企業設廠，有沒有門路等。史立德回憶，那時在商會，有時知道某位會員認識內地某地方設廠的港商，就會拜託這位會員穿針引線，了解當地的情況，安排視察，並介紹認識地方官員，洽談條件等。這樣，會員就可以在商會的交流中獲得有用資訊，並藉着這聯繫到內地設廠。

香港商界有不同類型的團體，商會之間除了參與行業組織，還會參加一些大型商會，如香港工業總會、中華出入口商會及中華廠商聯合會等。史立德說，廠商都有類似的思維與方向，大家同時參與不同商會，認識不同會員或會長，繼而互相推薦加入各個商會，逐步擴大人際網絡。

除了參加商會活動外，史立德更在朋友邀請下，積極參與社會服務及慈善組織，這令他由商業世界踏進社會服務領域，認識許多過去沒機會接觸的人，如地區上需要幫助的居民。這是史立德人生中另一個機緣，給他開拓人生精彩的新一頁。

黃大仙區

1980 年代，黃大仙區是九龍區一個人口密集的社區，以座落該區逾百年歷史、屬香港著名景點及香火鼎盛的黃大仙祠而得名。毗鄰的鑽石山是九龍一個主要的寮屋區，附近的慈雲山、橫頭磡、樂富和東頭村等，都是人口稠密的社區，有許多徙置屋邨。黃大仙區內有大量公共屋邨，居民面對醫療、衛生、教育、社會福利及治安等問題。

參與社會服務　一切從黃大仙區開始

史立德由經營印刷企業到參與地區事務，源於朋友介紹，而起步點就是黃大仙區。

史立德曾在九龍的新蒲崗工作，距黃大仙只是一箭之遙。那時候，史立德認識一位在新蒲崗開公司的朋友，那位朋友一直參與黃大仙區的社會事務，並創立了黃大仙工商業聯會。史立德從這位朋友身上知道黃大仙社區有很多需要，有很多地區工作需要支援。本着一份善心，史立德便於 1989 年加入黃大仙工商業聯會，並認識很多志同道合的朋友。史立德說：「這是緣份，人與人之間相處，聚會時彼此分享，跟所認識的朋友往往會互相影響。」這樣，就開始了史立德參與社會服務及慈善活動的歷程。

服務社區　不遺餘力

史立德加入黃大仙工商業聯會後，了解到政府、地區組織與商會的協作模式，例如商會派人加入某些地方組織，以及政府負責地區事務的官員會與商會聯繫，希望商會支持地區工作。於是，史立德開始在商會和政府合作參與地區事務，例如區節、體育節等。

史立德於 2000 年
擔任黃大仙
工商業聯會主席

在黃大仙的地區工作中，地區商會與區議會、民政事務署和地區專員經常緊密聯繫。有時政府要舉辦活動，如清潔運動等，會找商界支持贊助，而商會不單出資，更盡心呼籲會員參與啟動。

曾經受過工傷的史立德，特別關注區內居民的健康及安全，因此十分樂意贊助區內的職業安全活動。當時每年都會舉辦這類活動，向區內居民宣傳注意職業安全。史立德身體力行，出錢出力，期間增加了與政府的聯繫。史立德擔任黃大仙工商業聯會會長期間，正值 2003 年「沙士」疫情爆發時期，政府呼籲商會協助，史立德義不容辭，帶領商會在區內向居民派發抗炎包，更舉辦不同活動，向黃大仙居民宣傳抗疫。

從企業老闆到區議員

後來，政府邀請史立德加入地方架構，如滅罪委員會等，與警方合作研究區內治安問題；又擔任消防大使，與消防部門合作；還有加入東九龍的童軍、少年警訊及扶貧委員會等，後來更獲委任為黃大仙區區議員，擔任區議員達八年。

史立德參加
黃大仙千歲宴

由企業老闆、商會會長到加入區議會，對於史立德來說，
這是角色上的重大轉變，也為他帶來新的體驗。史立德回
憶當日獲政府委任作區議員時，感到十分榮幸，很樂意為
地區做事，對於自己熟悉的事情更會給予意見。當時他既
要處理公司業務，又要撥出時間處理區議會事務，雖然非
常忙碌，但同時很享受。即使是委任議員，史立德同樣在
區內開設議員辦事處，定期接見市民，親身了解市民及社
區的需要。

回顧八年的區議員生涯，一直都有人問他：「為何做生意，
又來當議員？」史立德坦言，自己當區議員雖然要犧牲做
生意和個人的時間，在時間和金錢上作很大付出，而搞活
動時更要付出雙份金錢，不過沒有所謂，只要能幫助社
會，一定全力以赴。

史立德認為，議會需要有不同界別的人士參與和發聲，商
界及專業人士進入區議會，提供專業意見，可以平衡各方
面的看法，這對地區發展是一件好事，最重要是能真正解
決區內的社會問題，切切實實地幫助居民。如他代表了商
界意見，在區議會交流，再達到一個大家接受的共識。

2008 年 8 月 9 日
史立德作為醫療輔助隊
在奧運馬術賽事中當值

黃大仙區健康安全城市

2007 年 8 月 30 日，史立德任黃大仙區議員期間，黃大仙區議會、東華三院黃大仙醫院、黃大仙民政事務處及各界共同促成了「黃大仙區健康安全城市」，此會致力在黃大仙區推動「健康城市」和「安全社區」計劃。史立德自黃大仙區健康安全城市創立以來，就擔任董事局主席至今，一直大力推動「黃大仙區健康安全城市」的各項活動，讓該區居民認識健康可包括身體、精神、社交及心理等幾個方面，並且喚起居民關心自己及大眾的健康及安全。

黃大仙區於 2007 年 10 月獲世界衛生組織接納為「健康城市聯盟」成員，並於 2011 年 1 月 29 日正式獲世衛確認為全球第 227 個「國際安全社區」，更於 2017 年 4 月 27 日成為第五個「香港安全社區」。

有見於政府提供的資源有限，史立德透過在商界的網絡，找了一批友好捐錢，以推行地區工作所需要的資源。他指這類工作開始了就不會有結束，因為地區總是需要相關服務，如老人家預防跌倒的計劃、為長者安裝家居安全設備、印刷宣傳單張，以及提醒及教育居民預防傳染病。

組織的主要角色是推動教育宣傳工作，如舉行健康安全日，史立德便協助聯繫從事健康產品、醫療的公司，當日

黃大仙區健康安全城市
「黃大仙區健康安全城市」組織服務宗旨是致力為黃大仙區締造一個健康安全社區，向區內居民推廣關於健康安全的知識，幫助居民認識家居安全，如何保持家居衛生，並推廣居民關注及提供藥物安全、食物安全等資訊。進一步推展「安全、健康、和諧、關愛」的目標，加強市民對預防疾病和減少意外傷害的意識，黃大仙區健康安全城市與區內不同界別組織合作，籌辦提高市民健康安全意識的活動。

派員在會場擺放攤位，又找來專門驗眼的公司，同場為長者配眼鏡，還會派員為居民測量血壓、檢驗糖尿病等。史立德親身參與安全日的活動籌備，包括開幕、剪綵，舉行千人太極操等，藉以提醒長者要注意運動，令自己不容易跌傷。

史立德分享參與社會服務的經驗，認為最重要是作社區診斷，找大學進行研究，了解區內出現某些社會問題的原因，如為何家暴特別多？道路安全要注意什麼？應在區內哪些位置加裝交通燈？防火方面，區內屋邨眾多，公屋林立，應該如何推行智能防火？又如黃大仙區的長者數目多，組織通過計劃在區內廣泛設立零障礙通道。完成社區各項工程後，要向世界衞生組織提交報告，世衞會派員實地視察認證。本區的醫院，包括佛教醫院、黃大仙醫院和聖母醫院的院長，都是黃大仙健康安全城市的成員，也有醫生參與及撰寫報告。

另外，黃大仙區長期以來缺乏設有急症服務的醫院，史立德深表關注，更一直要求在本區設立急症醫院，滿足區內居民需要。「黃大仙區的居民若需要看急症，都要到伊利沙伯醫院。因此我找了一批醫生寫信給特區政府，爭取在黃

黃大仙區
最著名的景點為
黃大仙祠
1921 年由嗇色園
成立並負責管理

（左上）
2011 年 1 月 29 日
史立德出席黃大仙區
健康全城市認證典禮

（右上）
2017 年 11 月 11 日
黃大仙區防跌八式
太極嘉年華

（左下）
2017 年 12 月 9 日
防火救心樂安康 2017
嘉年華典禮

（右下）
2012 年 1 月 14 日
黃大仙區健康安全城市
資源中心啟動禮

大仙區成立設有緊急醫療設施的醫院。」現在啟德正在興建醫院，將會提供急症服務，令黃大仙居民受惠。

樂善好施

史立德向來認為，專注做生意，社交圈子只會局限於認識同行和熟悉的界別，只看到自己的角度。「若多參與慈善活動，可以認識社會不同的人，如參觀學校、老人院、醫院等。我喜歡了解這些自己從商時沒有機會接觸的事情，認識不同界別的人，了解他們的想法，這是一大得着。」另一樣就是「可以認識很多志同道合的朋友，大家沒有利益衝突，都是出於一份貢獻社會的熱誠。這些人士本身又參與了其他慈善團體，甚至是當主席的，還有學校校長、安老院的院長等，如果只顧營商，根本沒有機會接觸這些不同界別的人。」

香港有六個主要的慈善團體，包括東華三院、保良局、博愛醫院、仁濟醫院、樂善堂和仁愛堂，活躍參與人士的圈子往往彼此認識，就這樣，參與得愈久，人脈網絡愈廣。

加入仁愛堂

史立德當過兩年仁濟醫院總理，當年都是在朋友介紹下參與。總理需要籌款，自己也要捐獻，善款均用於營運秘書處的支出。仁濟每年都會舉行多項籌款活動，有唱歌及其他節目，為機構籌款。

史立德有一位出任仁愛堂主席的朋友，向他招手，於是就在 2000 年加入仁愛堂，出錢出力，及後更擔任主席。

打破傳統　力主舉行電視籌款

2008 年，史立德成為仁愛堂第 29 屆董事局主席，他為自己確立一個方針：「人家做過的事情，我不作，人家未做過的事情，我就要作。」若然蕭規曹隨，就缺乏創新，沒有什麼突出和亮眼點。這想法貫徹了史立德向來着重創新的精神。

擔任主席後，他首先希望增加仁愛堂在全港性知名度，建議舉辦電視籌款晚會。仁愛堂的歷史遠不及一些「百年老店」級的慈善團體悠久，故此知名度有所不及，捐款數目也較遜色。因此史立德認為仁愛堂需要建立一個品牌，令更多人認識與認同他們的服務。

仁愛堂

仁愛堂前身是屯門一所地區福利診所，自1930 年代起建立中醫診所，贈醫施藥，扶貧賑災。1977 年註冊為非牟利慈善團體，積極拓展各項服務。1983 年，樓高七層的屯門總辦事處落成，大樓設有社區中心、健身中心、游泳池、幼稚園及診所等，為這個人口急增、交通不便的新市鎮提供重要的社區設施。現在，仁愛堂為市民提供社會福利、教育、醫療、康體、環保及社會企業等服務，目前服務單位已達 170 個，遍及全港各區。

仁愛堂第 29 屆董事局
就職典禮

從事商業包裝品印刷多年的史立德，自然深諳建立品牌形象包裝的重要性。他常說：「人靠衣裝，物靠包裝，包裝往往可以提升產品的形象。我是做包裝的，主要工作就是要將產品包裝得美輪美奐，來協助提高銷量。」這道理能應用在當今國際知名品牌建立全球的形象上，同樣適用於慈善團體。這樣，他當主席後，就積極思考如何為仁愛堂包裝形象，建立一個全新品牌。

與其他香港老牌慈善團體相比，東華有醫院，但仁愛堂沒有；而且成立於新界，如何在全港各區發展服務？史立德認為需要宣傳，舉行籌款晚會。多年來，東華三院及保良局等較大規模的慈善組織都與電視台合作，舉行籌款節目，但仁愛堂則從未嘗試過。當他提出這建議後，在內部遇到不少阻力，有意見認為電視籌款的成本太高昂，單是付給電視台的費用也要好幾百萬港元，隨時得不償失；若邀請名氣較大的明星登場，費用就更高，至少二三百萬元，但往往只能籌得四五十萬港元。

不過，史立德就對自己的看法充滿信心：「如果產品好，包裝不佳，缺乏着眼點，刺激不了消費。所以國際品牌包裝必須亮眼，與別不同，令人眼前一亮。慈善組織也一樣，

也要吸引公眾眼球，令大家目光聚焦在你身上。若要將產品 —— 即團體及其服務 —— 介紹給公眾認識，最好的方法就是電視籌款。」

為了減低成本，史立德便尋找大企業贊助，如捐 100 萬元，就可以冠名舉辦籌款晚宴；每位總理也須出錢支持，加上現場觀眾捐款，如有三四十萬元，這樣就可以收窄支出與所籌善款金額的差距，並可讓更多人認識機構的名字，能收宣傳之效，這名聲是無形的資產。

史立德指出，這就像國際知名品牌的做法，投入巨額資金，建立全球認識的品牌。當機構品牌有更多人認識，受到更大關注，人們知道機構有何着眼點、做過哪方面的工作，就更願意慷慨解囊。

他深明包裝就是要令大眾喜歡這品牌，因此極力推動舉辦創新、與別不同及另類的籌款活動，令大眾有新鮮感。史立德說：「不論做慈善活動、做商會，以及自己做包裝的生意，都必須具備這些要素；一看就知道與別不同，有着眼點，有新鮮感。」

2008 年 10 月 11 日，仁愛堂在將軍澳無綫電視城舉行「仁愛堂邁向光輝新里程」電視籌款晚會，慶祝仁愛堂成立

31 周年。晚會為仁愛堂籌得超過 1,800 萬港元。仁愛堂
於 2009 年 11 月 4 日，舉辦「景福珠寶呈獻：善心滿載仁
愛堂」電視籌款晚會，籌得善款超過 1,680 萬港元。2010
年 10 月、2011 年 11 月 3 日及 2012 年 10 月，均繼續「善
心滿載仁愛堂」電視籌款晚會，效果理想，大受好評。自
此，仁愛堂電視籌款晚會已經成為每年籌款的重要項目，
仁愛堂也成功建立全港性知名度。

創意籌款晚會 自彈自唱

史立德任主席期間，仁愛堂還舉辦了不同的籌款活動，成
功給予公眾新鮮感，如歌唱籌款晚會。史立德說，過去舉
行的籌款晚會，獲邀出席的歌手均要收取酬勞，而且為了
體現身價，也要顯示這項活動的級數，酬金不可能收得
低，更不會免費獻唱，這需要與經理人討價還價。因此，
往往出現辛苦籌得的善款不夠支付歌手藝人的登台費用以
及場地開支的尷尬情況。

於是，史立德再次發揮創新思維：不請歌手到場獻唱，而
是由各位總理上台大展歌喉，這樣沒有成本，而且各總理
可邀請朋友捧場贊助，集腋成裘，更能大家一起唱歌，一
同盡興。他構思舉行「名人名曲名錶名酒夜」，覺得這個主

人靠衣裝
物靠包裝
包裝往往可以提升
產品的形象

題有趣味，夠吸引。史立德說：「當時的籌款晚會，嘉賓大多整晚坐着，會覺得沉悶。如果可以贊助賓客唱歌，台上台下同樣開心，還有公司贊助雪茄配美酒，大家可以開懷暢飲。」同場亦展示名錶，請大錶行來舉行拍賣，有些名錶由錶行捐出，或以低價賣出，讓出席晚會的總理和嘉賓出價競投，這樣可以籌得更多善款。

2008 年 11 月 3 日，仁愛堂舉行「名人名酒名錶慈善晚會 2008」，史立德與一眾總理等親自上台，粉墨登場，出錢出力，人人盡興。史立德與多位總理贊助現場供拍賣的名錶、名酒及雪茄等。當晚史立德更獻唱 *My Way*、*Wonderful Tonight* 與 *Always on My Mind* 等金曲。這個富創意的構思，為仁愛堂籌得幾百萬元，成績斐然。

與香港多所大學均有聯繫的史立德，認為大學籌款也應該學習，在一次理工大學的籌款晚會上，時任理大校長唐偉章教授彈結他，史立德即場高歌一曲，台下嘉賓則翩翩起舞，現場氣氛熱烈。

史立德熱心於參與慈善活動，太太史顏景蓮也深受影響，經常陪同丈夫出席慈善團體活動，後來自己也積極參與，更在 2015 年出任仁愛堂主席。史太在任內成立仁愛堂史立德夫人青少年兒童醫療基金，為基層特殊青少年兒童提供

史立德與
時任理大校長
唐偉章一同表演
為理大籌款

（上）
史立德與太太
出席仁愛堂慈善活動

（下）
史太出任仁愛堂主席時
成立了仁愛堂史立德夫人
青少年兒童醫療基金

醫療及藥物的資助，首個項目主要是為支援專注力失調及
患有過度活躍症的兒童。史太又捐助了一部牙醫治療車及
中醫醫療車，這部流動醫療車定期到香港不同地區，為行
動不便的長者提供牙醫服務。

為善最樂

多年來，史立德參與社會服務付出大量時間和心力，但仍
然樂在其中。回顧自己多年來踴躍參加商會、社會服務和
慈善組織，史立德廣結友好，並得到朋友介紹，參加不同
組織，或邀請擔任各種職位，他笑言「自己不懂說不，往
往來者不拒，因此參加愈來愈多組織，然後再認識更多
來自不同界別的朋友，自己的人脈、網絡和圈子逐漸擴
大。無論是生意還是分享經驗，都很有幫助，總覺得大有
得着。」

交友在乎「友直，友諒，友多聞」，多認識朋友，擴闊視野
和圈子，這對青少年尤為重要。史立德深深感受到，今天
人們若只會瞪着手機和電腦，自以為能知道天下事，但卻
有如坐井觀天，不知世界之大。

2002 年，史立德同樣在朋友介紹下，加入了香港一家以製
造業經營者為主要成員的老牌商會中華廠商聯合會（廠商

會）。當他加入時，大概不曾想到，這翻開了他參與商會
及社會服務更精彩的一頁。

第五章
商會會長路

我的性格是：要麼不答應，答應了就
盡力而為，本來可以享受會長頭銜的
尊榮，但是自己辛苦命，喜歡做事情。

加入香港中華廠商聯合會

史立德早年已加入不同的商會，因而認識一批志同道合的商界朋友，彼此交流，互相學習，擴大自己的網絡、知識和視野。雖然大家來自不同行業，但當分享營商經驗時，都有可以彼此借鏡之處，如怎樣開拓美國市場等，有需要時互相幫助、介紹。耳濡目染下，商界友人不時邀請他參與及支持其他組織。

史立德加入廠商會，也是因為得到一些從事工業、廠商會會員的朋友引薦。起初史立德參與廠商會的心態跟以前參加商會差不多，都是希望認識不同行業的企業家朋友，彼此交流。

廠商會是香港歷史悠久的商會，被視為香港四大商會之一，很具代表性；商會稱為「廠商」，是因為會員主要從事製造業。史立德相信，若能加入這類規模較大的商會，可以在更廣闊的領域上，認識更多工業家和廠家，並可向會內著名的大企業家學習，彼此分享不同行業的情況與管理理念等。除了與會員間彼此分享，廠商會同時有多種功能，包括向政府反映意見，因其在立法會有一個代表席位；也有會員是全國人大代表、全國政協委員，廠商會可

香港四大商會

1970 年代以後，香港有「四大商會」之說，即香港總商會、香港中華總商會、中華廠商聯合會，以及成立於 1975 年的香港工業總會。也有人連同成立於 1954 年的香港中華出入口商會，稱為「五大商會」。這些商會都代表了香港經濟及社會的重要組成部分，以及見證香港的發展歷程。

透過他們向國家反映意見。因此史立德覺得廠商會是一個值得加入的商會。

開始參與會務

2002 年，史立德加入廠商會成為普通會員，後來獲得推薦，由會員選出加入會董會之後，就開始有更多參與角色。按照廠商會的制度，會董會有 110 位會董，會董會每月召開例會，會後一起用膳，彼此交流。會內會舉辦飯局，邀請政府官員出席，討論大家關心的政策議題。會董可以參加廠商會不同的委員會，如 29 個行業委員會，以及展覽委員會、教育委員會、國際事務委員會及內地事務委員會等。

會董會之上是常務會董會，然後是副會長。史立德循着這個階梯，逐步參與，後來史立德加入常務會董會，擔任常務會董，2018 年擔任第一副會長。

擔任會董後，史立德在廠商會的會務工作開始繁忙，如需要參與外訪，以及代表會方加入政府及不同組織的委員會。史立德參與香港大型商會，接觸的層面也不同了，如訪問內地時，會獲較高級別的官員接見，如曾隨團訪問北京，獲得時任國務院副總理韓正接見。

中華廠商聯合會

香港中華廠商聯合會（簡稱廠商會）成立於 1934 年，初期主要帶領業界參加海外展銷，以及在本地舉行展銷活動。1935 年首次參加新加坡舉行的中國國貨博覽會，其後亦經常帶領業界參加世界各地不同的展覽會。它代表本地製造業和中小企業，見證香港工業興起、發展與變遷。廠商會每年舉辦的工展會，更是香港歷史最悠久的戶外大型展覽及展銷會，每年吸引大量市民參加，是香港一年一度的盛事。

第一屆廠商會全員
會長為葉蘭泉（前排左二）
攝於 1934 年 9 月 1 日

（上）
2017 年 2 月 17 至 18 日
史立德帶領
「CMA 順德高新自動化科技考察團」

（下）
2018 年 2 月 8 日
中華廠商會第 41 屆就職典禮
史立德獲委任為第一副會長

香港不同商會各有特色，廠商會最廣為香港市民熟悉的，就是每年舉辦的工展會，是香港的一項重要傳統活動；除了在香港，廠商會也在澳門及內地不同城市舉行展覽。史立德擔任副會長時，需要在工展會會場輪流當值，預備接待到來參觀的官員和嘉賓，以及處理突發事情等，這些經歷都令他印象深刻，「這是一個不斷學習的過程」。

按照廠商會的制度，副會長只能連續擔任三屆，擔任了兩屆副會長，才有資格參選會長。選舉過程是先由全體會員投票選出 110 位會董，然後會董投票選出會長、副會長與常務會董。

全票通過 當選會長

過去史立德只曾擔任地區商會的會長、慈善團體的主席，以及馬主協會會長等，加入廠商會的目標旨在廣結朋友，從沒想過要擔任會長，本來打算完成副會長任期就退下來。

可是，史立德得到很多會董的支持。當時他向會員表示，若有人願意當會長，他不會角逐，會讓予其他有志的會員擔任。他回憶當時對是否參選的考慮：「會內很多人都想當會長，每次會董會換屆前，總會有很多消息流傳。若大家要激烈競爭，我就不參與了。因為參加商會的目標是為了

2018 年 1 月 4 日
史立德代表
廠商會拜訪
時任廣東省書記李希
（現任中共中央政治局常委）

廣結朋友、互相交流，我不想為了選會長而令朋友之間傷和氣。」

結果，2020 年 11 月 27 日，史立德當選第 42 屆會董會會長，並且是在沒有反對票及棄權票的情況下，獲會董全票通過。他想不到自己有機會擔任這個香港大型商會的會長，對於能擔任會長感到無上光榮，希望能幫助香港工業發展。

史立德明白擔任會長責任重大，事務將會十分繁忙，於是立志竭盡所能，服務廠商會。「我的性格是：要麼不答應，答應了就盡力而為。本來可以享受會長頭銜的尊榮，但是自己辛苦命，喜歡做事情。」

歷史上，香港經歷了不少動盪與困難時期，廠商會會長都肩負責任，領導商會，為會員及香港社會的福祉發揮影響力。史立德當選之際，香港正面對全球疫情及經濟衰退等嚴峻挑戰，廠商會眾會員企業都經營困難，亟待尋求良方以突破困境。

史立德當選
第 42 屆
廠商會會長

老牌商會要搞新意思

廠商會成立近 90 年，史立德希望能令這家「百年老店」年輕化，並期望令商會緊貼時代脈搏，有突破和創意，而不是蕭規曹隨，沿襲前任做法。這想法與史立德的做事信念一脈相承：「產品包裝要有創意，這樣才能吸引公眾的目光，讓人留意你的產品。商會也是一樣，有何與別不同？有何賣點、新鮮感？人家會問，加入（廠商會）之後有什麼不同？」於是他把創新的精神帶到會務上。

史立德當了會長要革新商會，其中重要一環就是緊貼時代脈搏，加強文宣，他建議廠商會以多個渠道，立體化地講述自己的故事，而不只是以純文字來宣傳。「要立體化及善用更多最新科技，若停留在文字宣傳，是不能吸引年輕一代留意。」

「友德傾」對談節目創新猷

「友德傾」是史立德出任會長後，提出製作的一個訪談節目，由不同角度探討多個行業及領域的發展前景。史立德說：「喜歡以這對談方式，跟不同界別的朋友探討這類課題，從多角度探討各個範疇的商機，可以更靈活、更好玩，不是只拿着講稿照本宣科就説完。」

就這樣，史立德粉墨登場，走上網絡平台，在 YouTube 以會長身份主持訪談節目「友德傾」。談到如何由企業老闆轉型做節目主持人，他笑說：「都是嘗試去做，一邊嘗試，一邊學習，同時要做好準備，擬定題目等」。

音樂與文化事業的優勢

「友德傾」訪問了不同界別的人士，議題內容非常廣泛，直接面向廣大網民。喜歡唱歌的史立德，在「友德傾」第一集，就是與音樂人趙增熹對話，跟他談音樂創作與音樂產業，因趙增熹有教授年輕人音樂的豐富經驗。史立德說，音樂是一個受年輕人歡迎、龐大的文化事業，文化事業能推動商業模式，對社會的影響很大；而音樂與演藝行業同樣需要樂器與各種器材，這些都是工業製品。

史立德認為過去西方流行文化和音樂影響全球年輕人，日本文化也曾風靡香港，很多港人到日本旅遊；近年則興起韓流，很多香港人趨之若鶩，除了韓國電影外，電視劇集、流行曲、化妝品和食品等都大受歡迎，所以文化潮流能夠帶來很大商機。「香港人也要建立本身的文化產業。若香港電影、音樂再次成為潮流，將能帶動不同行業。」

友「德」傾集時事熱話、
商界資訊、營商策略
受訪嘉賓包括
趙增熹、陳美齡、
滕錦光、陳智思、
梁振英、唐英年、
胡定旭、楊潤雄、
丘應樺等

（上）
與音樂人趙增熹
討論音樂產業

（下）
知名歌星陳美齡分享
日本的經濟及工業前景

現在全球青少年最喜歡的是電玩及手機遊戲，兩者同樣有重大商機。史立德指出：「比如今日的孩子喜歡電玩，背後涉及軟件開發、硬件及高新科技等，這都會大力推動創意經濟及高新科技產業。時代不同了，父母也要接受新事物，以不同的目光去看待子女的喜好。」

香港人喜歡日本文化，愛到日本旅遊，嗜吃日本菜和水果等。在另一集「友德傾」，史立德邀請熟悉日本的陳美齡作嘉賓。1970 年代，陳美齡的名歌《香港，香港》十分流行。史立德早年已認識陳美齡，更有參加她的粉絲俱樂部（fans club）。後來她移居海外，丈夫是日本人。這一集討論了日本社會、經濟與科技的發展狀況。

陳美齡在節目中表示，日本人口老化問題嚴重，發展已不及中國，科技方面也被中國追趕上。過去香港人經常用日本電器及科技產品，但現在日本這個領域已被中國超越。她指日本經濟在 1980 年代遭美國打擊，低迷了數十年，近年日本經濟愈來愈倚賴中國，尤其是旅遊業十分倚賴中國遊客。不過，她指日本人做事態度認真，值得大家學習。

博物館與香港文化實力

從不同角度看香港和世界，會發現很多有趣的事物。談軟實力、文化產業是當今世界風尚，史立德曾邀請西九文化區管理局董事局副主席、M+董事局主席陳智思參與「友德傾」，暢談文化藝術的軟實力。近年陳智思積極推動西九文化區及M+博物館，這些文化新地標，都向全世界展示了香港在文化上的軟實力。

史立德深深感受到，文化產業可以幅射到許多行業，好像美國強大的潮流文化輸出，包括電影、卡通、音樂、飲食文化等，帶動潮流，影響全世界。工業方面也影響出口，如一些玩具會隨着電影風行而乘時推出，輸往全球市場。文化理念會互相影響，如美國英雄主義。近年韓風橫掃亞洲以至全球，韓國電影、電視劇及流行曲大受歡迎。又如內地電視劇和電視節目也輸出到世界各地，這都是很大的商機。

香港除了有本身的文化設施外，現在更有國家級博物館、戲曲中心等，這都是香港軟實力所在。「軟實力環環相扣，可以推動不同的生意，如旅遊，若有國際知名歌劇在香港演出，許多觀眾會專程來港觀看，這會為航空、旅遊、酒店及餐飲零售等行業帶來生意。」

與陳智思暢談
文化藝術

酒的世界與文化很豐富，紅酒文化風行全球，也是一門大生意。在香港，很多人喜歡品嚐紅酒及上課學習紅酒的知識。自 2008 年 2 月香港特區政府取消所有葡萄酒稅項後，香港迅速成為亞洲葡萄酒交易樞紐，很多酒商利用香港交通四通八達的優勢，在香港拓展業務，包括設立儲藏酒窖，葡萄酒貿易也成為香港甚具潛力的產業。眾所周知，全國政協常委、西九文化區管理局董事局主席唐英年喜歡紅酒，史立德特別邀請他成為「友德傾」的座上客，更特別安排在唐英年的私人酒窖拍攝，暢談酒的世界，以及討論酒的產業是如何運作的。

大學科研與商界的配合

史立德是理大校友，而廠商會與香港理工大學的淵源也十分深厚。「友德傾」也順理成章邀請了理工大學校長滕錦光成為座上客，介紹理大的科研成果。史立德表示，邀請滕校長是因為理大科研成果卓越，包括 2021 年 5 月，理大兩支跨學科研究團隊為國家首個火星探測項目「天問一號」作出貢獻，在「天問一號」任務中發揮重要作用，包括創新的地形測量及地貌分析方法，協助選取火星着陸點，以及太空儀器「落火狀態監視相機」（「火星相機」），拍攝火

史立德前往
唐英年的酒窖
拍攝「友德傾」

星周遭環境及火星車的狀況。理大在成衣設計方面同樣知名，均是優勢所在。

史立德與香港多家大學都有聯繫，廠商會及他個人都有捐助大學。他指出，世界百強大學之中，香港已佔了五家，而且均有優秀的科研成果，每家大學各有優勝之處。史立德曾在廠商會內部討論，如何令大學成果能夠為商界所用；大學從政府那裏獲得大筆資助作科研，如何令這些成果「落地」，產生成果？否則大學使用公帑所產生的科研成果，只會是一批文件，或放在圖書館、贈予其他人，或以低廉價格轉售。

史立德指出，大學科研成果是能夠「生金蛋」的，可是學者一般不懂經商和製造。廠商會有三千多會員，來自不同行業，若能互相配對，如與大學簽訂諒解備忘錄，由大學研究，企業負責開發。例如理大開發了一種小型的鋰電池，可以縫在衣服裏，發電長達九小時，並且可以充電，其功能主要在發光，可供保安員、公路上的建築工人和建築工地的工人穿着，以保障人員安全，以及顯示指示等。若把這研發成果與製衣廠配搭，便可以成為新產品，帶來新商機。

（左）
廠商會與理大
簽訂合作備忘錄

（右）
與理大校長
滕錦光討論科研
與商界合作

史立德指：「大學有許多這類新研發成果，只是找不到適合的工廠配套生產，這其實浪費了。應該透過這機制來配對。」

廠商會等近年提倡香港「再工業化」。史立德指，政府向來不干預工業發展，但香港周邊有不少國家及地區擁有先進高科技，如台灣的晶片產業，是蔣經國時代政府大力支持發展促成的，為今天的晶片行業奠下基礎。「香港有強大的工業生產能力，加上大灣區有先進的生產線，只是產品不是自家品牌、設計，是為他人作嫁衣裳。香港土地有限，因此要利用本身優勢，發展上游工業，建立自家品牌，自行研發、設計，再交由大灣區或東南亞國家生產。就像美國，勞工成本高，因此專做科技研發一類高增值的行業，而低技術、低增值的產品則交由亞洲或拉丁美洲生產及進口。」

史立德認為：「香港也應朝這方向走，我們擁有生產上的優勢，又有大學科研成果，若未能應用，很可惜，因此我們必須推行再工業化。」

近年國家推動大灣區，特別是推動南沙的發展。史立德邀請前特首、全國政協副主席梁振英，探討香港人如何尋找大灣區的機遇，談到國家目前重點發展南沙，故當地已興

建港人子弟學校，香港科技大學該區也設有校園。當地政府招攬多個商會進駐南沙，並為廠商會提供辦公室。

香港與大灣區同屬廣東，語言文化接近，具有優勢。梁振英指出，香港人要了解未來的發展方向，就是融入大灣區，背靠國家，面向世界。香港要繼續發揮本身的制度優勢及工業成就，以及大學科技的研發成果。香港加上大灣區的人口龐大，若能成功結合發展，經濟潛力甚大。

醫療及生物科技行業前景

過去幾年，新冠肺炎疫情影響全球，人人都關心健康，醫療及生物科技行業大受注意。疫情期間，市民經常要做病毒檢測，造就了檢測成為一門大生意。為此，「友德傾」其中一集邀請了前醫院管理局主席、華昇診斷中心董事長胡定旭，介紹行業情況。香港的醫療產業規模不少，廠商會有不少會員都從事這個行業，如生產醫療用品，專門供醫院使用，原來它們有不少都在內地生產，史立德就與胡定旭詳談了這行業板塊的發展前景。

胡定旭討論了醫療及
生物科技行業的前景

體育產業的發展

很多體育項目風靡全球，已成為專業化、商業化及高速增長的產業；近年香港體育水平不斷提升，運動員也在國際賽事中屢獲佳績。「友德傾」邀請了特區政府文化體育及旅遊局局長楊潤雄，談談體育發展與商機。體育這個全球大產業，除了運動賽事本身外，球鞋、球衣等周邊產品的生產，都能令製造業蓬勃發展，運動使用的裝備如行山杖等，都是一門大生意。

廠商會會長走到幕前，主持網上對談，可說是史立德擔任會長之後的新猷，充分展現了他一貫的創新精神。他像青少年一樣，熱心接觸與學習新事物。

最嚴峻的挑戰

史立德指，新冠疫情及香港與全球市場面臨的挑戰，是他和不少會員從商幾十年以來所未見的。很多會員向他反映經營環境艱難，大家只能勒緊褲頭，沉着應對。史立德當選會長後，如何領導會員捱過難關，是一項重大的考驗。

香港最首當其衝的是旅遊業及餐飲業，過去幾年經歷了非常困難的局面。史立德認為，現在網購盛行，消費者往往

不需要前往實體店，餐飲業雖然近年有外賣網購興起，但香港地方小，網上訂餐需求始終不及內地。

另一個需要解決的重大問題就是對外恢復「通關」。因為香港地方小，缺乏天然資源，是貿易中心、航運中心、金融中心，倚賴人員及貨物對外流動。因此廠商會一直遊說特區政府與廣東省政府商議爭取通關，並且對國際開關，令經濟活動儘快恢復正常。

他指香港根基實力很雄厚，「香港人向來儲蓄率高，不少市民即使暫停工作仍能維持生活，但在疫情這三年，只能勒緊褲帶，吃老本，的確很難捱。若能早些開關；香港本來可以減少損失。可惜過去錯過通關的時機，以致許多從事貿易的人離開香港，大型國際金融機構也將辦公室遷往新加坡」。

營商的困難

疫情期間，因為內地與香港封關，人員往來交通幾近中斷，史立德與許多港商一樣，長期無法親身到內地廠房處理業務，可謂咫尺若天涯。疫情及封關令香港與內地及國際的人員及貨物流通大受影響。很多公司除了面對經濟壓力外，營運上也因為封關而大受困擾。

過去三年新冠肺炎疫情期間，很多公司都會召開視像會議，大家在家裏對着電腦或手機屏幕處理工作及洽商。可是史立德覺得視像會議不能取代面對面商談，因為其效果是不一樣的。「很多事情都需要見面才能夠更好、更有效地處理，人與人是要面對面交流，看着視像會議或手機視像，感覺冷冰冰；現場見面氣氛不同，感覺就是不一樣，若能一起用餐就更高興了。」

史立德發現，公司很多事情是視像會議不能解決的。那時候有人問史立德：「有視像會議就行，何需動不動就親自到廠房處理事情？」他回答：「我是幹哪一行的？是與色彩有關的，若是用視像就可以解決問題，那麼經營工廠就容易多了。若是產品顏色偏差了一點點，客戶會拒絕收貨！單憑視像會議就可以拍板？這是不可能的。」史立德深深體會到，親自現場督師與遙距控制的效果相去甚遠，親身決定及督導，速度會快得多。客戶若對樣板不滿意，就可以即時調整、修改、迅速處理。因此疫情期間，本來只需很短時間就能決定的事情，都要花上好幾天，因為要等貨辦製作或修改完成，再運送來香港，效率難免大大降低。

雖然困擾全球三年的疫情已逐漸消退，可是全球經濟貿易卻仍受國際局勢不穩的陰影籠罩，經濟恢復正常之路仍然

遙遠。史立德認為，香港中小企復甦程度視乎行業而定，不少從事製造業及進出口貿易的企業要繼續面對這些負面因素。「當恢復通關之後，餐飲業和旅遊業會首先復甦，可是製造業則沒那麼快，需要時間，因市場要受外圍經濟環境，包括歐洲戰爭及國際局勢影響。歐洲經濟差，能源價格飆漲導致全球通貨膨脹，繼而影響外國客戶訂單，因此環境仍然艱難。」

以大抽獎鼓勵市民注射疫苗

新冠肺炎疫情下，香港與內地及國際的嚴格邊境管制令本已陷入衰退的香港經濟雪上加霜。史立德上任前後，香港社會最關注的議題是疫情，以及特區政府何時對外「通關」。史立德擔任會長後，經常代表廠商會呼籲香港對外開關。「當時我對傳媒說得最多的，就是要求政府開關！」

然而，當時香港能否對國際開關，恢復對海外航空交通往來，取決於多項因素，其中包括社會新冠肺炎疫苗接種率。不過，雖然初期香港已經有疫苗可供注射，但不少市民擔心疫苗帶來的副作用而遲遲不願行動，因此全民注射率未能迅速提高。另一方面，對外封關令市面經濟景氣低迷，商家和市民都坐困愁城。

廠商會舉辦
「抗疫肩並肩」
支援計劃
於隔離營
派發抗疫包

史立德擔任會長後，首要急務是要激活社會氣氛和零售市場，為會員及香港經濟解困。他與廠商會領導層看出問題癥結，在於先要成功推動市民注射疫苗，提升全民整體接種率，才能為日後逐漸放寬社交距離措施等限制及全面開關創造條件；只有這樣，香港社會及經濟才能夠開始恢復。

2021 年 6 月 17 日，史立德在廠商會第 42 屆會董會就職典禮致辭時指出：「目前，我們最迫切的工作是要提高疫苗接種率，因為只有大規模接種疫苗，才有望突破困局，為恢復跨境活動和經濟復甦創造有利條件。」

「如何鼓勵市民打針？」史立德明白，當時市民因為害怕副作用等原因，大多抱觀望態度，因此必須找出突破點，扭轉局面。他提出的方法很簡單：「舉辦抽獎！」然後他在一次媒體採訪時提出，舉行大抽獎來吸引更多市民注射疫苗。有記者問史立德會否捐錢，他就慷慨捐出 100 萬元，並找會方及會董會成員各捐 100 萬元，合共 300 萬元，作為大抽獎的免找數簽賬額獎品。6 月 18 日，廠商會展開「有種•有賞」疫苗獎賞計劃，向已接種新冠疫苗的市民提供各式購物優惠和獎品，總值超過 500 萬港元，一方面希望藉此提高疫苗接種率，同時透過刺激消費協助中小企。

廠商會以
疫苗獎賞計劃
鼓勵市民接種疫苗

由 6 月中起，不論是已接種一劑或兩劑疫苗的市民，均可於參與計劃的各商戶享有折扣優惠。

接着，其他大企業陸續行動，有地產發展商捐出單位，也有企業捐出汽車作為大抽獎的獎品。9 月底，廠商會舉行終極大抽獎，送出超過 1,300 份獎品。廠商會通過這些抽獎活動，成功營造氣氛社會，並吸引了更多市民注射疫苗。

工展會今昔變遷

工展會是廠商會創辦、香港歷史最悠久的大型展銷會，是每年盛事。廠商會設有展覽業公司，專職籌辦工展會及其他展覽。近年工展會在銅鑼灣維多利亞公園舉行，延續活動在戶外舉行的傳統。到 2022 年 12 月至 2023 年元旦的這一次，已經是第 56 屆。

史立德對昔日工展會盛況記憶猶新，他說當時香港經濟不發達，娛樂較少，很多人都會在工展會二十多天的會期來玩樂購物。起初工展會的宣傳口號是「中國人用中國貨」，讓本地各個製造業商戶展覽自家產品，昔日熱門產品如駱駝嘜暖水壺等、梁蘇記雨傘、李錦記蠔油、雞仔嘜線衫、紅 A 塑膠等，都會在工展會設置攤位銷售產品。這些都是

本地品牌白桂油
曾在 1950 年代的
工展會展出

（上）
1970 年代的
工展會

（下）
1971 年第 29 屆
工展會

本地知名、香港人熟悉的品牌，是當時香港具代表性的產品。電影公司也在會場擺設展攤，宣傳作品。

隨着香港經濟產業變化，特別是 1970 年代末起製造業大量北移，近年參與工展會的公司跟 1970 年代及以前已經迴然不同。史立德指，現在香港本地的生產主要是食品工業，因此近年工展會可以看到較多食品、調味品等展銷。其他工業已經較少，如玩具、成衣等行業許多已經遷往內地或東南亞，只留下香港的辦事處。過去只有從事製造業的香港公司可以參加工展會，現在從事貿易的公司也可以參與。

史立德認為，工展會對一些新創業的公司來說也是一個很好的平台，供這類公司推銷他們的品牌和產品。他留意到近年農曆年的年銷攤位，有不少年輕人參與，年輕人若有自己的公司和生產，都可以參與工展會。「所以我提倡，工展會不只展銷食品，也應該有其他類型的工業擺展攤，所以在 2022 年的這一屆，就有許多電子產品的展攤在工展會出現，也有不少玩具產品。雖然這些產品在內地製造，但都是由香港公司設計和生產，十分值得在工展會陳列。」

史立德說：「我們見證了香港經濟起飛，也見證了國家改革開放 40 年來的輝煌成果。現在時移世易，可能是要驅使香港人再上一個台階，要創新，走尖端科技道路。」

1970 至 1973 年
工展會從紅磡新填地
移師至灣仔
新填地舉行

疫情下的展覽會

廠商會每年都在香港舉行數個大型展覽會,除了工展會外,還有美食嘉年華和國際教育展等。面對新冠疫情持續,如何為香港社會及會員企業出謀獻策,走出困境,成為新任會長及領導層的重大考驗。其中一項重要工作,就是如何在疫情陰影下,確保工展會及其他大型活動順利舉行。原訂於 2020 年 12 月舉行的工展會因疫情停辦,很多市民感到失望;會員公司也少了一個做生意的機會。

史立德特別指出,廠商會秘書處及展覽公司等相關機構每年提供許多服務,每年都在香港籌辦多個展覽會,並在澳門及內地多個城市舉行展覽會,宣傳香港產品,營運支出龐大,主要是透過舉辦大型展覽會,包括工展會的收益來支持,單靠會員會費收入難以維持。若工展會被迫停辦,將會影響廠商會秘書處等機構的運作,壓力很大。

取消工展會

2019 年社會不穩,廠商會一度擔心工展會受影響,最後如期舉行。可是在 2020 年底,卻因為新冠肺炎疫情而要取消。當時香港第四波新冠肺炎疫情仍然嚴峻,特區政府宣布所有公眾娛樂場所須由 12 月 2 日起,按照最新的《預防

及控制疾病規例》規定，關閉 14 天。因工展會同屬表列場所，廠商會最初決定，將原定在 2020 年 12 月 12 日至 2021 年 1 月 4 日舉行的工展會延期。廠商會隨即推出「網上工展會」，為期 31 天，竭力為參展商爭取生意。

史立德指，因當時按政府規定，進場市民必須接受測試，如此測試費用將相當高昂，還要全場人人必須配戴口罩，取消試食等。後來廠商會經過評估，認為風險太大及成本太高，只能決定取消該年度的工展會。

亞博館工展會購物節

2020 年 12 月的維園工展會因疫情取消，令市民和商戶大失所望。很多中小企老闆向廠商會反映，本身積壓存貨甚多，希望會方能另覓日期和地點舉行展銷會，令他們可以銷售套現；也有市民對於歷史悠久的工展會停辦，感到很失落。市民和會員都希望能舉行類似活動，於是廠商會決定在適當時候舉行工展會購物節，並一直物色場地。

後來廠商會知悉，毗鄰東涌赤鱲角香港國際機場的亞洲國際博覽館（亞博館）可以提供室內場地，便諮詢參展商是否願意參與。但不少人指會場位置較遠，擔心市民可能不願意前往。史立德坦言選址的確「有點冒險，因為地方偏

遠，市民未必想去」，也有不少公司懷疑會否有足夠人流。為什麼選亞博館？當時已近夏季，而亞博館有大型室內場館，不用擔心天氣問題；加上當時疫情影響下，亞博館使用率不高，較易找到檔期。廠商會就敲定在亞博館舉行工展會購物節，2021 年 8 月 6 日起，一連三天舉行。

這次是維園工展會取消後的首項展覽會，雖然會期只有三天，但仍面對許多困難；能否順利舉行及市民反應如何，此刻仍難説得準。

亞博館離市中心較遠，當時機場使用率亦低，沒有多少旅行團出遊，如何令市民遠道前來購物？史立德説：「既然答應了舉辦，就要想辦法。舉辦現場實體展覽一定要有交通配套，才能有足夠人流前往會場。」

過去市民前往機場，不少會選擇乘坐港鐵「機場快線」，史立德靈機一觸，立即約見港鐵公司，並提出：「既然目前機鐵使用率不高，購物節期間可否讓全港市民免費乘坐機鐵前往亞博館會場，參與購物節？」

港鐵開首表示有困難，因他們受到有關規定限制，不可以讓市民免費乘坐。史立德説：「今次是世紀疫情，之後就會消退，可否幫助市民，讓大家皆大歡喜？」港鐵認同他的看法，最後宣布在購物節期間，為市民提供 40 港元的即日

2021 年 8 月 6 至 8 日
廠商會在亞博館舉辦的
工展會購物節

來回優惠車票，讓市民乘坐機場快線前往亞博館會場購物節。雖然未能做到免費，但已經是機場快線破天荒的安排。

史立德更在一次記者招待會上，打趣説：「市民到機場參與購物節的同時，也可順道到機場看看。大家因為疫情而未能到外地旅行，可是到久違了的機場看看，也可以望梅止渴。」除了機場快線，史立德考慮更為周全。為了方便新界西北地區居民住返亞博館，廠商會展覽委員會提出，可以使用 2020 年 12 月底通車屯門 — 赤鱲角隧道，提供七條免費接駁巴士路線，於展會期間來往東涌、屯門、元朗、天水圍至亞博館，以帶旺人流。

與此同時，參展商在會場售賣之貨品要先經大會篩選，確保其價格比市面便宜，以提高對市民的吸引力。

儘管展期只有短短三天，結果非常成功，大收旺場。本來很多公司認為會場位置太遠，不看好，因此沒有參展。結果史立德親自出馬解決交通問題，帶動人流，參與的商戶就笑逐顏開。

除了吸引市民前往出席，廠商會也構思展會的亮點，希望能吸引傳媒注意及報道。史立德説：「廠商會同事很辛苦籌辦這個展銷會，都是為了要令市民開心。」

在亞博館舉行的
工展會購物節
大受歡迎

到 2022 年 9 月續辦「工展會購物節」，會場規模再比上一屆擴大，更多參展商要來參與。廠商會除了繼續在新界西北安排接駁巴士，還在荃灣增加巴士服務。展會期間，機場快線來回優惠票價則調整至 47 元。

因為上一屆購物節反應超過預期，這一年，參展商與進場市民數目都增加了。

結果在四天會期，成功在全城製造哄動效果，大量市民排隊輪候進場，場面之盛大更吸引電視台前來拍攝，大夥兒高興地聯袂而來，人人滿載而歸。當時還有人誤會，以為傳統在冬季舉辦的工展會不再舉行了，史立德隨即解釋：「這只是夏季展銷會。」

復辦的工展會：招徠有術

疫情爆發以來復辦的首次工展會，即「第 55 屆工展會」，於 2021 年底至 2022 年 1 月 3 日在維園回歸。史立德指出，能重新舉行現場工展會，意義重大：「實地參與展覽與網上購物會，效果截然不同。網上購物會冷冰冰的，缺乏了現場的熱鬧氣氛。若是大夥兒進場，興高采烈，會刺激大家的購物意慾。」

工展會期間，參觀市民達百萬人次，如何防疫，成為廠商會要解決的頭號問題。史立德說，除了要求進場人士全程戴口罩，作好防疫措施等，廠商會為吸引市民進場，也想出不少方法以作招徠，同時鼓勵市民踴躍注射疫苗，包括宣布：已接種兩劑疫苗的市民可於下午 6 時後免費入場；65 歲及小孩子可以免費入場等，以吸引更多市民進場，刺激市道。廠商會展覽委員會亦舉行特別牌樓設計比賽，令市民感覺煥然一新，大家進場就可以看到；許多項目如工展小姐選舉都繼續舉行。

工展會場同時要限制人流，現場不斷廣播提醒市民保持社交距離等。政府也派員監察。當時史立德最擔心的就是工展會會場發現感染個案，由於進出工展會的人員及市民眾多，而且會期長達二十多天，一旦工展會會場爆發疫情感染個案，後果難料，因此當時大家都很緊張，幸好吉人天相，直至會期結束，都沒有發現一宗個案。

到了會期最後一天，即 2022 年元旦，廠商會更創新猷，在會場表演台舉行「香港回歸祖國 25 周年暨香港中華廠商聯合會成立 88 周年慶祝活動」，大會特意安排了 25 隊舞獅登台，表演助興，展示祝賀語句，為香港及廠商會來年送上祝福；又邀請多個部門首長主持舞獅點睛。這項別開生面

（左）
2021 年工展會
廠商會安排了
25 隊舞獅助興
吸引市民進場

的節目，將現場氣氛帶到高峰。為期 24 天的展期，吸引過百萬人次入場，銷售總額近十億港元。

天有不測風雲：隨機應變

每年廠商會在葵芳舉辦美食嘉年華。2022 年 11 月初，在葵芳運動場舉行的第 9 屆美食嘉年華開始兩天後，罕有地因颱風「尼格」吹襲而要暫停。參展商無不愁眉苦臉，問史立德：「會長，這怎麼辦？」史立德立即聯絡政府相關部門，提出要求爭取延長展會幾天。然而，事實上這過程要面對不少困難，因為要向食環處申請臨時牌照等許多手續。史立德分別致電商經局局長及其他部門，解釋情況，提出請求。

後來收到回覆，政府同意將會期延長三天。當颱風過後，美食嘉年華恢復，市民紛紛進場，反應之踴躍超出預期，許多參展商戶帶來貨品更早已全數沽清。

成功爭取現場「試食」

過去數年，工展會在籌備舉行期間遇到不少困難，都是聯繫特區政府商務及經濟發展局尋求協助。在疫情影響下，

（左）
2021 年第 55 屆
工展會復辦
廠商會以多種優惠
吸引市民

（右）
在多番爭取下
工展會恢復試食

第 55 屆工展會雖然能夠舉行，可是會場因防疫考慮而不設試食。2022 年 12 月至 2023 年元旦初的第 56 屆工展會雖然順利舉行，但其中也經歷若干波折，卻因史立德與廠商會領導層幕後多方奔走，逐一化解。

這一屆工展會，政府因疫情而繼續禁止市民在會場試食，史立德與廠商會一直極力爭取恢復試食，以求為參展商戶催谷生意，「因為現場試食對展銷商推廣及增加生意很有幫助，若不設試食，商戶生意會少一半」。

當時史立德與廠商會領導層不斷向商務及經濟發展局反映，極力爭取在工展會現場恢復試食，問：「市民只是淺嚐也不行？」商經局再與衛生食物局等部門商議，然而若傳染病委員會的專家不首肯，就沒辦法。

起初政府態度強硬，拒絕放寬試食。工展會開始時，廠商會宣布會場不設試食。然而，會期舉行期間，到工展會進行至中段的時候，事情突然出現轉機：廠商會的要求終於獲得當局批准。於是廠商會立即宣布現場恢復試食，效果立竿見影，市民反應踴躍，展銷商生意頓時大增，生意額飆升。「有試食，會場氣氛的確會更熱鬧。」

廠商會成功延長
受颱風影響的
美食嘉年華展期

精誠所至，金石為開。不過，廠商會此刻面對的問題就是，既然在會期中段獲批准現場試食，應如何把握機會，在餘下會期吸引更多人進場？

工展會本來在每天晚上 8 時結束，史立德為了讓商戶增加營業額，要求延長開放時間，提出「加時」，將每日開放時間由晚上 8 時延長至 9 時。有人說：「沒用的。」

然後史立德提出另一妙計：「免費進場！」以刺激銷情。因為工展會一般在完場前半小時截龍，因此就宣布每天晚上 7 時 30 分至 9 時 30 針免費進場，以催谷人流。及後更宣布提早開場，鼓勵市民更早入場。結果大量市民聞訊，紛紛湧往維園掃平貨，其盛況更吸引傳媒報道，效果理想。

與此同時，史立德給參展商提出對策：「秒殺！」他建議模仿網購方式，推出秒殺時段：「大家就趁這個時段，能賣多少就賣多少，要錢唔要貨」。他說參展商立即推出「一蚊一隻雞」、「買一送一」銷售策略，作最後衝刺。後來他問參展商銷情如何，眾人回答：「果然成功！」

第 56 屆的工展會上
史立德接待前來支持的
特首李家超

力挽狂瀾

就在市民在維園興奮掃貨、眾參展商戶出盡渾身解數招徠之際，他們大概不知道，工展會其實本來是要縮短展期，提早結束。康文署和食環署等部門要求縮減工展會會期，不可以跨越新年，必須在聖誕節假期前後結束。可是傳統上工展會會期都是跨越新年，包括聖誕節、除夕及新年。為什麼今年要作此安排？原來當局以農曆新年在 1 月為由，維園要提早清場，轉給年宵花市作籌備，因此會期不能跨越至翌年元旦。可是這樣會縮短黃金檔期，大大減少商戶的生意。

「從我們廠商的角度來看，這是黃金檔期，若縮短展期，參展商會失去許多生意。我們極力爭取，可是有關部門立場強硬，堅持指清場需時，因為工展會會場有牌樓等，要花上一星期來拆除，難以趕及新年花市開始。」

廠商會後來向商經局反映，幸好局方立即出手協助，舉行跨部門會議，了解各部門的考慮與困難，就在會議上解決。史立德説，本是交場後還要拆除場地的電網，這電網是工展會開幕前專門搭建的，為各參展攤位作照明等供電之用。相關部門本計劃在拆除電網後，再為年宵市場重新建造一個新的電網。「後來我們提出，我們的電網可以留

給年宵市場繼續使用，但部門堅持，指出電網建設受許多相關條例規限，必須拆除再建。結果問題終於順利解決，由廠商會負責在展期結束後拆除電網，工展會也可以延續至整個黃金檔期。」

史立德回顧整個處理過程，「若未能令展期像傳統般跨越新年，失去黃金檔期，參展商戶難免會損失許多生意；加上後來准許恢復試食，若無法爭取維持原有會期，參展商生意會大減。因為他們在場租、搭建攤位等均有成本。」幸好這疫情尾聲下復辦的工展會圓滿閉幕，除了市民滿載而歸，一眾參展商也能在漫長經濟不景下取得佳績，也不啻是久旱逢甘露。

廠商會與特區政府就工展會安排問題的溝通過程，一切低調處理，當時外界並不知情。史立德感謝政府及丘應樺局長協助，安排所有相關部門開會解決問題：「若得不到政府支持，工展會就難以成功舉行，現在參展商和市民都開心。」

過人解難及領導能力

史立德擔任廠商會會長期間，疫情持續困擾香港經濟民生，就在社會氣氛與人心低迷下，為了全港市民及眾多中

小企業，他發揮其「非常創意」，親自出馬，幕後與政府等方面磋商，解決大大小小的問題，終於促成工展會及其他展銷會順利舉行，達致市民、會員企業和香港社會皆大歡喜的「多贏」結果，為被疫情及經濟壓得喘不過氣的香港社會，帶來一點希望和歡樂。

史立德回顧這段「非常時期」如何不斷發揮「非常創意」解決問題，笑言這是他多年來營商的日常練習：「營商就是這樣，遇到問題就是想辦法解決，兵來將擋，水來土淹。公司營運，每日都要處理不同問題和危機，不是遇到品質問題，就是人力問題、保安，甚至衣食住等問題，因此我們身經百戰。管理一間工廠就好像管理一個小社區般，每天開門就要解決問題，有生意，就會有生意的困難，沒有生意也同樣會有沒有生意的困難。」

多年的營商經驗，給史立德練就百折不撓的精神，臨危不亂，沉着面對，再憑藉其智慧與創意，不單自己的事業經歷了香港及世界經濟大潮漲退而屹立不倒，更領導廠商會度過這個歷史上罕見的艱難時刻，實在值得青年人仿效。

「我可以不用那麼辛苦，跑那麼多地方，不過自己喜歡做事，不願碌碌無為。我不懂高深知識，只是實幹派，明白

要將勤補拙，相信勤力、願意打拼，就能夠解決問題，不怕苦幹。工廠經營者的性格就是這樣。」

倡議香港「再工業化」

史立德加入廠商會等商會組織以來，也留意到不同時期的世界經濟變化對香港經濟及會員的影響，年輕一輩多不願意繼承父輩生意經營製造業。「現在學業成績優秀的年輕人，許多選擇成為專業人士，願意投身製造業的並不多。有些經營工廠的企業家，下一代接手後就不再承繼父輩的事業，而是將祖業賣了，然後轉為發展其他行業，如初創企業、科網企業或金融公司等。」

過去廠商會一直因應國際局勢及經濟變化，為香港中小型製造業尋求出路與商機。近年廠商會一直響應及推動香港「再工業化」的概念，持續與政府商討如何推動，香港很多商會均認同這是香港未來應走的發展方向。史立德出任會長後，也經常在媒體訪問等場合，談論香港「再工業化」的方向與策略。

自內地推動開放改革以來，大部分港商的生產基地都在內地，辦公室則留在香港，保留本地生產的公司已不多。香

港已不可能重返過去的工業生產模式，而需要升級，因此廠商會提倡「再工業化」。

鼓勵開創香港品牌設計

史立德強調，提倡香港「再工業化」並非說要企業將工廠遷回香港，因為香港土地資源短缺，沒有這條件，而是要在原有的工業基礎上，加強發展上游工業，包括品牌創造及產品研發，「要做自己的品牌，自己的設計」。「對內地來說，生產優質產品沒有問題，代工也沒問題，但那不是你的品牌、你的研發和你的設計。香港未來應該發展創造自己品牌的方向。」史立德認為香港有這個條件，因為香港人普遍有世界視野，對國際潮流趨向很敏銳。

「現在很多產品都是由內地或東南亞製造，但品牌卻是別人的；也只有亞洲有如此強的生產能力才能製造。香港可以有自身品牌，自身的標準、研發和款式設計，而且可以在大灣區、內地其他地區或東南亞製造。」

「以成衣製造為例，重點就是在怎樣發展設計和品牌，我們固然已有很強的生產能力，什麼都能夠生產出來，但一直只做代工生產（OEM）。美國已經做到再工業化，本身強大的品牌和設計，但他們無能力生產，就交由第三世界國

香港近數十年的工業變化

1950 年代以來，香港逐漸發展成為以製造業及出口主導的外向型經濟體，極受國際及周邊局勢及經濟變化影響，如西方的貿易保護主義興起，1970 年代石油危機，促使香港工業轉型，每次危機與挑戰來臨時，也會帶來轉機。1970 年代末內地開放改革以來，面對土地不足及工資成本上漲的香港企業，將生產基地大量北遷內地，這變化帶來香港另一次重大的產業轉型，製造業的生產部門絕大部分已經外移，只有營業及市場部門等留在香港。近年全球局勢變化，香港需要在經濟產業發展上尋求新出路。

家生產。中國有大量土地資源與勞動力，以廉價勞動成本提供最優質服務，生產質素最好的產品。」

化科研成果為商機

史立德認為，「香港有國際視野，熟悉西方文化，能與西方國家溝通，所以具有優勢，現在可透過廠商會的 CMA+，推動將大學科研成果盡快『落地』。」

史立德認為，目前情況就好像過去香港的公司，當發現本地市場已飽和，就設法尋找海外訂單。「我們的生產能力很強，卻不是生產自己的品牌，長期以來都是為他人作嫁衣裳，為外國品牌生產，如製衣廠，人家下訂單就製造，然後出口。但我們是時候要思考，如何有自己的研究、建立自己的品牌、自己的設計，然後生產。外國公司做得到，為什麼香港做不到？」

香港未來方向

「我提議香港研發的產品，可以在大灣區或者東南亞生產。若香港能掌握到上游的研發技術，美國矽谷做到的，香港也可以做到，香港不再需要追求繼續成為航運中心或中轉

代工生產（OEM）

代工生產（Original Equipment Manufacturer，簡稱 OEM），現代流行的生產方式，企業把產品設計交由廠商生產及組裝，企業會提供設計及技術，並負責銷售，而廠商則主要負責生產、提供人力。

站,因為內地已經有很多大型貨櫃碼頭,如深圳的鹽田港及蛇口等,貨櫃吞吐量大,香港貨櫃碼頭在世界的名次已逐漸下跌。航空貨運方面將來也可能會被取代。」

2023年4月,史立德到澳門出席工展會開幕,有機會與澳門行政長官賀一誠見面,了解澳門博彩業現況,知道澳門賭場規模已比美國拉斯維加斯大得多,並致力發展會議展覽業,加上橫琴的發展,目前澳門會議展覽用地面積已經超越香港。史立德認為,因此香港應該向「再工業化」之路進發。

史立德認為,香港今天仍有優勢,因背靠祖國,得到國家支持,若香港能「再工業化」,在大灣區設立工業邨,並將大學科研成果轉化,應用於工業上,企業可在香港日後的北部都會區設立公司,製好產品的樣板,在內地生產。由於香港勞動力不足,企業可面向內地,若日後邊境地區能與北部都會區做到人員自由往來,將更有利發展。

廠商會成立之初,已協助香港公司開拓東南亞市場。2023年4月中,史立德率領廠商會代表團,訪問馬來西亞及新加坡,了解兩地最新的營商環境和優勢,亦見識了他們最具發展潛力的新興產業,為港商尋找商機。廠商會並希望可以協助「香港品牌」以兩國作跳板,進軍東南亞市場。

2023年6月8日
史立德參加
工業家論壇2023
「創科新時代,工業啟新章」

每個時代都有本身的挑戰和機遇。因此，史立德認為：「香港青年現在機會不比以前少，只在乎他們是否肯去幹，肯去做就會有工作。」他指出政府提供很多跨境工作的機會，年輕人應該趁這機會到內地看看，而且不一定選擇辦公室的工作，香港人看重金融、地產等可賺快錢的工作，工業則少人垂青，不像歐洲，當地不少人以工業作終身職業，並引以為榮。

勉勵年輕人

他勉勵年輕人「要不怕辛苦，努力奮鬥，今日香港仍有不少機會，應該好好把握。」

史立德期望年輕一代不應看輕工業，因為工業是一個社會經濟起飛的基礎。「相比之下，工業是更腳踏實地的工作」，因為一個地方有了製造業的基礎後，銀行、金融及服務業等才會繼而興起。一個國家經濟在起飛前，都需要經過出賣勞動力，先發展勞動密集的工業，才能開始起飛。當工廠生產有成果，人的生活及物質條件就會逐漸提升，穿得好、吃得好，對房屋的需求增加，娛樂業也開始蓬勃。在滿足了生活及居住需要後，繼而追求享受、衣着、玩樂等。這些社會及經濟變化都是在傳統工業出現後，好

2023 年 4 月 1 日
史立德代表廠商會
出訪澳門工商聯會

像水滴形成的漣漪效應，再衍生及推動不同行業與經濟的發展。香港不可能一下子就變成金融中心；工業發達後，就衍生成航運中心、空運中心等，都是逐漸形成的。」

精彩人生另一頁

廠商會近年規定會長不能連任，因此在 2023 年底，史立德三年會長任期屆滿後，會由新任會長領導廠商會，前任會長會獲榮譽職銜。史立德對於擔任商會等團體領導職位的進與退，常抱着：「人家叫你上台就不要客氣，請你下台就不要激（生）氣」的心態。他笑言自己向來不戀棧權位，就好像過去擔任慈善團體主席，任滿後都是一貫作風，不再過問會務。

在卸任廠商會會長後，史立德將會嘗試什麼？如何再開展人生更精彩的一頁？

事實上，史立德喜愛創新、敢試敢做的個性，將來必定有更精彩燦爛的經歷。

第六章
賽馬如人生

因為喜歡賽馬的競爭精神，賽馬如人生，人最重要是有奮鬥的心，沒有奮鬥的心又怎會贏？

先拔頭籌

2023 年 1 月 24 日，癸卯年農曆大年初三，當日陽光普照，沙田馬場公眾席上萬人空巷，擠滿了熱情的馬迷，氣氛異常熱烈。因為這天的新春賀歲馬賽事是 2020 年新冠疫情爆發以來，首次重新讓公眾進場觀賽的賀歲馬賽事。闊別多時，一眾馬迷再次踏足馬場觀看賀歲馬，當然格外興奮。當天有 84,000 多人在沙田及跑馬地馬場觀看賽事，人數創疫情三年以來新高；當日投注額也高達 20 億 6,000 萬元，創歷年農曆新年賽馬日最高紀錄。

這一天，史立德也來到沙田馬場，心情興奮且帶點緊張。他不只是馬迷，更是資深馬主，當天有兩匹與他有關的馬參與賽事，其一是香港電子業商會的團體馬「電子兄弟」出戰第四場四班 1,200 米賽事，結果順利勝出。史立德是電子業商會成員，與商會成員等一起「拉頭馬」，並在「凱旋門」前拍照。

接着，到了當日最觸目的賽事，就是第八場「賀年盃」第一班 1,400 米。史立德的「一先生」出戰，同場還有勁敵，結果「一先生」在騎師策騎下表現出色，直路突圍而出，力壓對手衝線，勇奪賀年盃。同一天，史立德再次站在凱旋門前「拉頭馬」。

賀歲馬賽馬日
馬會按照傳統，在賀歲馬賽馬日開幕禮上舉行連串表演，包括醒獅點睛，隨後醒獅賀新歲、騎師向觀眾拜年。馬會在公眾席前方佈置大型擺設如金元寶、搖錢樹、桃花林、開運卡通馬和風車等，吸引大量進場馬迷上前拍照。

對馬主來説，最大的光榮就是愛駒勝出比賽，然後「拉頭馬」，並偕同馬匹一起在為勝出馬匹而設之「凱旋門」前拍照。這幅威風八面的照片，將會見諸翌日報章馬經版。一些特別的大賽或錦標，尤為如此。

馬主在同一個賽馬日兩次在凱旋門前「拉頭馬」，並不多見。這一天史立德兩次「拉頭馬」，成為馬場紅人，當然興高采烈，笑容滿臉，接受在場友人祝賀。翌日報章的賽馬新聞，均以顯著篇幅報道史立德一日之內兩度「拉頭馬」，形容他「旺氣逼人」，並引述他在馬場説：「能在大年初三農曆新年賽馬日贏馬捧盃，確實特別有意義」。不少報道回顧「一先生」的彪炳往績，計算其在香港參賽以來所贏取的獎金金額。

3月，史立德舉行七十大壽晚宴兼贏得「賀年馬」慶功宴，筵開數十席，多位政商界名人、馬圈人士等出席，當晚盛況廣為媒體報道。他説，贏了馬請朋友吃飯，大家開心，宴請各界友好。

名下愛駒戰績輝煌，自然令身為馬主的史立德非常高興；然而，當他在凱旋門前「拉頭馬」、接受別人祝賀和媒體訪問之時，卻仍然記得過去成為馬主的各種經歷。

史立德在壽宴中
邀請了多位
政商界名人

史立德曾多次
在凱旋門前
「拉頭馬」

賽馬與香港人

賽馬與香港社會關係密切。賽馬運動在 1840 年代初由英國人帶來香港，首個馬場——跑馬地馬場於 1845 年落成，香港賽馬會則於 1884 年成立，管理本地賽馬事務至今。

賽馬文化來自英國，而且多年來賽馬活動被視為是政商界人士及上流社會的社交場所，也是香港平民百姓熱衷的活動。因此，跑馬在香港成為一個整個社會不分階層、全民參與的活動，許多香港政商界人士都是馬主，每個賽馬日，都會在馬場看到他們的身影，一眾馬迷則在公眾席上觀戰；同一時間，全港各區的馬會投注站都擠得水洩不通，有許多人全神貫注地看着屏幕上的賠率變化，他們無不手持馬經、聽着收音機的電台直播節目。

賽事開始時，馬場觀眾席上的馬迷與各區投注站的馬迷都神情緊張，不停喊着「心水馬」的號碼。頃刻間勝負已分，有人歡笑有人愁。不過，勝敗乃兵家常事，很多馬迷視投注是娛樂和「考眼光」，即使這場輸了，下次再來「刀仔鋸大樹」，希望在明天。

況且，很多馬迷並不介意「鋪草皮」，因為知道輸了的錢都會由馬會撥作慈善用途。1959 年，香港賽馬會（慈善）有限公司成立，專責管理捐款，並於 1993 年成立香港賽馬會

賽馬文化源起

賽馬文化起源自英國，首次較為正式的現代賽馬活動是在 17 世紀時英國倫敦北部小鎮的紐馬基特舉行，兩匹馬間的正規比賽在此舉辦，賽馬最初的規則也在此制定，後來英國的首個正規賽馬場就建在紐馬基特。被稱為「快樂君主」的國王查爾斯二世大力推動了英國的賽馬運動，賽馬被稱為「國王的運動」。發展至今，賽馬運動在英國已有三百多年的歷史，在英國運動界地位僅次於足球。英國對香港實行殖民地統治後將賽馬文化也引進了香港。

慈善信託基金。多年來，賽馬會在香港慈善事業上擔當了重要的角色。

賽馬活動深入香港民心，以致 1980 年代出現一個流行的說法：「馬照跑，舞照跳」，賽馬與跳舞被視為香港（資本主義）生活方式的代表。

華人參與賽馬

賽馬會成立早年，賽馬活動只限於在港的英國及歐洲居民等參與，華人長期以來未獲准許涉足其中。1926 年，商人何甘棠成為首位獲接納加入馬會的華人之一，1929 年，他更成為首位勝出香港打吡大賽的華人馬主。華人自始開始活躍參與賽馬活動。1930 年代，華人馬主所有的馬匹數目已經超過出賽馬匹的半數。

1950 年代以後，香港社會普遍比較貧窮，缺乏娛樂，「馬票」、「字花」等博彩活動盛行，出售馬票和字花的地方隨處可見，其中大馬票獎金可達數十萬至一百萬港元，當年可謂全城哄動。1960 年代，隨着馬會推出更多類型的博彩方式，如賽馬博彩及獎券，馬票吸引力開始消退，其中最重要的包括 1976 年推出的六合彩，增加市民中獎的機會，

1880 年的
跑馬地

香港打吡大賽
香港打吡大賽由香港賽馬會舉辦，為香港賽馬運動中的其中一項重要錦標賽事，1981 年後，參賽馬匹的資格有嚴格規定，馬齡須為四歲，且只限於香港訓練的馬匹，因此香港打吡大賽被譽為「四歲功名，一生一次」的馬壇盛事。

因而大受歡迎。馬票在 1977 年停辦，六合彩則一直流行至今。

成為馬主之路

1960 年代，史立德踏足社會，與當時的打工仔一樣，都會希望以少量金錢，買一個希望。「那時候，很多香港打工仔都會發黃金夢，希望一朝發達，每星期都會買馬票、字花，若抽中該號碼的那匹馬勝出比賽，就能中頭獎。」

史立德形容，那時人人夢想發達，買馬票的熱情就好像現在買六合彩般。他回顧那時期的社會：「賽馬能使人致富，也能使人變得貧窮。多數人輸，只有少數人能夠『刀仔鋸大樹』。這可說是香港社會的縮影，也是香港精神的體現。」不過時移勢易，現在香港人較愛足球博彩，其彩池比賽馬彩池還要大。

當年史立德在街上買「字花」時，大概沒有想到，後來自己竟然有機會成為馬主，愛駒在馬場跑道上馳騁，甚至奪得錦標。

二十餘年前，史立德正擔任仁濟醫院總理。當時仁濟醫院一眾總理商議說：「不如買一匹團體馬吧！」於是便購得一

六合彩

六合彩（Mark Six）最初由法定機構香港獎券管理局負責開彩，由香港賽馬會代為受注，原本是港英政府為了取代民間字花的賭博活動。開彩時，自動攪珠機會從 49 個號碼球中隨機抽出 6 個號碼和 1 個特別號碼，早期由電視直播攪珠過程，並由一位非官守太平紳士和一位獎券基金受惠機構代表在場監察。2015 年 6 月起，市民則須從東方報業集團的流動應用程式或網上觀看攪珠過程。

字花

字花是在香港 1950 至 1960 年代十分流行的賭博方式，它有 36 個號碼，由 1 至 36，每個號碼代表一個古人名字，每個古人都有數個「替身」，以作貼士，賠率為賠 30。開字花的莊家（又稱「字花廠」）會印製字花書，每天開出「花題」，提供一些似是而非的貼士，吸引市民購買。由於購買字花費用不高，一毫幾角便可下注，吸引市民大眾。但由於「黑市」字花猖獗，後來版政府以六合彩取締。

匹馬，命名為「慈善精英」，但此駒未曾一勝，於是大家開玩笑，給這匹馬起了個渾名：「黐線精英」，自嘲各人養了這匹馬，都是一群傻子。

要成為馬主，必須購買競賽用馬匹。馬會每年會公布一定配額，給予會員申請買馬進口許可；其中一類是自購馬，並分為兩種類型，其一是在外國曾經參賽的馬，另一類就是未曾參與任何賽事的馬。馬主抽中配額，就可以購買馬匹，或委託練馬師代為物色良駒。香港多數賽馬購自紐西蘭和澳洲，高質素的馬主要來自歐洲，如法國和愛爾蘭等。

雖然初次參與養馬的經驗並不成功，但卻令史立德對養馬產生興趣，踏上馬主之路。

澳洲馬匹拍賣會見聞

史立德首次買馬的經驗，是飛往澳洲悉尼參加賽馬拍賣。當地農業和畜牧業發達，培養不同的馬種已成為專門行業，每年都有很多專門賽馬的馬匹拍賣。這是一門大生意，澳洲每年拍賣賽馬的收益十分龐大。史立德發現，「雖然近年環球經濟轉壞，可是澳洲馬價格並沒有下調」。香港賽馬文化源自英國，而英國、愛爾蘭均定期舉行馬匹拍賣會，吸引全球買家前來買馬。

史立德飛往澳洲悉尼，抵埗後與練馬師會合，一起去拍賣場看個究竟。當時朋友介紹了當地的一個代理，協助物色適合的馬匹。史立德在拍賣會所見，氣氛很熱鬧，每次拍賣數百匹競賽馬，主辦方會向買家派發一本目錄，刊載每次拍賣馬匹的資料，供買家從中挑選，並會將馬匹牽出來給潛在買家看。不熟悉行情的買家會邀請練馬師同行，一起觀察馬匹狀態及挑選，練馬師看了，說：「某某號，這匹不錯！」然後他們便會一起到馬房，工作人員會將這匹馬拉出來踱步，讓練馬師和買家觀察牠的外型、體重、毛色、狀態、腳型等，看買家是否喜歡。選馬是一門專業，馬要看血統，同時考慮馬匹的特質：有些長於跑長途，有些則優於中途、短途。史立德第一次挑選馬匹，主要還是靠專業人士協助：「選馬看眼緣，同時參考代理的評價，練馬師也會提供意見。」

然後，各匹馬在公開拍賣會上被牽出來，供在場來自世界各地的買家競投，然後買家舉牌出價。當時史立德以為競投不到，後來卻獲通知：「這匹馬是你的了！」成交價三十多萬澳元。史立德發現，現場情況跟其他種類的拍賣會一樣，發生各種稀奇古怪的事情，如有人看到會場上有亞洲人在競投，就會躲在人叢中，故意抬價，讓別人高價承接。

史立德個人名下的首匹馬名叫「盟主」，可是未曾取得任何錦標就退役了。

保持鬥心　尋覓良駒

跑馬最大的吸引力在哪裏？對馬主史立德來說，「因為喜歡賽馬的競爭精神，賽馬如人生，人最重要是有奮鬥的心，沒有奮鬥的心又怎會贏？」

當他在馬場上看到朋友的馬勝出，有機會「拉頭馬」，自己的馬只能陪跑，朋友就鼓勵說：「下次買一匹更好的！」史立德笑言，因為自己個性「不認輸、不服氣」，所以在「盟主」退役後，他並沒有氣餒，立即收拾心情，繼續堅持，以不屈不撓的精神，物色另一匹賽馬。

一嚐「拉頭馬」滋味

皇天不負有心人，史立德終於遇上能夠為他奪得錦標的良駒。給他印象最深刻的就是 2008/09 年馬季開始參加香港賽事的「好先生」（Mr Medici），其首次捧盃的經歷可謂充滿戲劇性。當時「好先生」出戰遮打盃，正下着滂沱大雨，結果牠無懼風雨，壓倒大熱門捧盃。在該場賽事剛完成

「好先生」出戰遮打盃
無懼滂沱大雨
勝出賽事

後，馬會即因天氣惡劣而取消當天餘下賽事。「好先生」剛好趕上這場比賽及勝出，也是運氣。及後「好先生」戰績彪炳，勝出皇太后盃，並在打吡賽獲得季軍。

史立德回憶，購得「好先生」都是機緣巧合，他透過練馬師介紹，從愛爾蘭購來。練馬師專門飛往當地了解，從比賽紀錄得知，這匹馬曾參加 16 場比賽，勝出了幾場，成績不錯，世界有排名，擅長跑長途，就向史立德推介，並給他觀看這匹馬出賽的片段。

史立德說，一般馬主不會對這類馬感到興趣，因為牠參加過多場比賽，跑了不少里數。「很多馬主心態是覺得通常沒有那麼便宜，賣家都是在馬匹已過顛峰時期才會平價求售。」不過經練馬師積極推介，說「這匹馬仍有空間發揮」，他就決定購買。最終史立德以約 200 萬港元買下這匹馬。

後來史立德才知道「好先生」曾被介紹給不少馬主，只是一直無人問津。「買這馬也要講運氣，因為即使他介紹，我也可以不喜歡。不過，買回來後，看到牠的表現不錯，就知道自己這次交上好運了。」

「好先生」還在 2010 年代表香港參加澳洲著名的墨爾本盃，這盃賽是南半球賽馬獎金最豐厚的經典大賽，馬匹能

「好先生」在
2010 年
遮打盃所獲獎杯

參賽已經是光榮。比賽舉行前，全城會舉行大巡遊，所有參賽馬匹和車輛都會參與。因史立德名下愛駒出賽，所以他與家人也獲安排乘坐開蓬車巡遊，還有出席晚宴等。到比賽當日，一眾馬主皆盛裝到場觀戰。令史立德印象深刻的其中一幕，是每匹參賽馬進場時，都要經過一道長長的走廊，赫然看到牆上正是「好先生」的巨幅肖像。

參賽馬匹均為來自全球各地的精英，要在這盃賽勝出並不容易，史立德說「只是志在參與」。同場有 34 匹來自全球各地的馬出戰長途賽，結果「好先生」在強手環伺下，獲得第十名，取得不俗成績，也獲得獎金。

史立德本想邀請香港一位經常為其名下馬匹策騎的法國騎師出戰，但對方婉拒，理由是因為他覺得另一匹馬勝算甚高，而他對這盃賽志在必得，決定為該匹馬策騎。最後該騎師策騎的馬果然奪冠。

參加這次比賽花費不菲，包括要將馬匹遠途運往當地，並僱用兩名馬伕全程照料，練馬師也親自到當地督師。不過，史立德認為「這次能參加國際重要賽事，是一次很好的經驗。」

「好先生」在香港服役期間表現出色，效力六個賽季，共奪得三次冠軍、十次亞軍及季軍，在參與海外比賽時也奪得

史立德與
愛駒「好先生」

「好先生」於 2010 年
墨爾本盃參賽

不錯名次，成為史立德名下戰績輝煌的名駒之一。這馬未曾接受閹割，因其表現出色，退役後被送到英國配種及頤養天年。

至於 2023 年農曆年初三勇奪賀年盃的「一先生」，同樣是由練馬師介紹，曾經在海外參賽，成績也不俗。史立德見其體型佳，就決定買下來，當時沒有跟賣方講價，一口價就敲定。後來他才知道，原來同時還有其他馬主有興趣買這匹馬。「一先生」果然不負史立德期望，2021/22 年賽季參加香港賽事以來，已經取得兩次冠軍、兩次亞軍及三次季軍。

史立德在購買「一先生」的同時，還購買了另一匹在太太史顏景蓮名下的「隱形翅膀」。這匹馬 2021/22 年賽季參加香港賽事，2023 年 4 月也旗開得勝，並曾奪得四次亞軍及兩次季軍。當時史立德覺得這匹馬也不俗，與「一先生」屬同一批馬，既然「一先生」表現不錯，就將「隱形翅膀」一併收歸麾下。

（上）
2010 年墨爾本盃
賽前
史立德及家人
乘坐開蓬車巡遊

（下）
史立德及家人朋友
入鄉隨俗
在墨爾本盃賽事上
盛裝出席

百駿競走　能者奪魁

賽馬在香港以至全球，都是競爭非常激烈的體育活動。香港每星期有兩天賽事，每天九場比賽。香港有逾一千匹賽馬，要勝出並不容易。

如何能別具慧眼、百裏挑一、購得良駒，可說是一門高深的學問，史立德坦言「運氣十分重要」，比如有些馬，身價並不特別高，買回來只是二百餘萬港元，成績表現卻亮麗耀眼，能贏得多場賽事和天價獎金。馬主無不夢寐以求，渴望購得這類馬，只是不可能有人預知其日後表現會如此卓越。

二十多年來，史立德養過二十多匹馬，其中兩匹是團體馬。史立德名下馬匹，不少都以「先生」命名，因此以「先生系」聞名香港馬圈，太太史顏景蓮及女兒史佩加名下都有馬匹。

行船跑馬三分險

世事往往難測，天氣和世界經常不似自己預期。馬場賽道如人生一樣，充滿變數。史立德坦言，當馬主最期待的時

刻當然就是「拉頭馬」，購得良駒固然能帶來興奮與美好回憶，然而失望、失意的時刻同樣不少。

養馬多年，史立德深切體會到，要獲得表現卓越的名駒並不容易，而馬場上的勝負得失，往往取決於許多不確定因素。令他感慨的是：「馬買了回來，賽場上的表現或是飛黃騰達，或是一無是處，事前誰能預知？」

如遇到馬匹受傷，或馬匹表現未如理想、未曾一勝就要退役等，這都是失敗的經歷。他發現，有時以高價購來的馬匹，表現卻與身價完全不匹配，而且其中不乏難測的意外因素。有些馬雖然看來很強壯，渾身有勁，可是馬腳往往是馬匹最脆弱之處。某練馬師曾介紹史立德購買一匹法國馬，達 500 萬元，後來卻在試閘時被踢傷了腳，治癒後賽績一直欠佳，後來只得退役。

馬場上眾馬疾馳，不時發生意外，尤其是馬匹跌倒，甚至腳部折斷。史立德也嚐過這種痛苦的滋味，他的另一匹馬出賽時，在跑道上轉彎時意外斷腳，翻倒在地，只能即時人道毀滅。史立德當下感覺很難受，加上當天邀請了外國客戶到馬場觀戰，目賭名下馬匹戰死，更感無奈，只能慨嘆賽馬場上充滿難以預測的偶然因素。

俗語有謂「行船跑馬三分險」，賽馬策騎是平衡術，講求高超技巧，尤其是騎師鞭策座騎，與同場較量的馬匹一起高速奔跑，非常危險。很多騎師都曾經墮馬，即使優秀騎師也不例外。一位為史立德名下馬匹策騎勝出的騎師，都曾經墮馬受傷。

世有伯樂　然後有千里馬

究竟一匹冠軍馬是怎樣煉成的？史立德說，馬就像運動員一樣，要贏出比賽一點都不容易，要看很多因素，天時地利人和等配合，例如同場對手如何、當時的機遇等。馬也一樣，可能這匹馬有很強的鬥心，很渴望要贏，但也要有賞識牠的伯樂，還有懂得訓練牠的練馬師，就好像在國際賽上屢創佳績的香港單車隊運動員李慧詩一樣，背後有教練沈金康及整個團隊。「若沒有好的導師，成功實在不易。」

除了要馬匹本身質素好，還要看騎師能否令馬匹的實力盡情發揮。養馬多年的史立德，除了馬匹，也經常與練馬師和騎師打交道，對於騎師的重要性知之甚詳。「馬匹是動物，騎師何時留力、何時發力，在賽道不同路段，如何將馬的力量發揮到淋漓盡致等，都會影響賽駒發揮。若騎師

未有盡力，則會令馬匹表現大打折扣。即使馬的質素和狀態佳，但若騎師不行，或者技術不如人、未盡全力、躲在後頭不突圍而出、不衝刺，這樣也與馬匹無關。」

馬主可以隨時找不同的練馬師和騎師，練馬師也會找不同的騎師。不過，即使馬主說：「找最好的騎師吧！」可是騎師也未必會答應策騎。

有時馬主會委託相熟的練馬師約某位騎師。可是，即使找到心儀的騎師，也取決於馬的健康與狀態，因為馬的身體狀態會有變化，也會患病。資深馬評人和發燒友馬主會凌晨起來去看馬匹晨操，為的是要近距離觀察和研究馬匹狀態，從其呼吸聲了解其身體狀況。

馬匹各有長處

人的品賦各有不同，馬匹也如是，適合跑什麼路程，均各有不同，正如不是每位跑手都能跑馬拉松。前後養過二十餘匹馬的史立德，對此深有體會：「每匹馬的質素都不同，鬥心也不同，如有些馬只適合跑 1,000 公呎，有些則適合跑長途。」

要贏得頭馬
練馬師和騎師
也十分重要

史立德由此引伸，人的成長歷程也如是：「如人生、學業、事業等，視乎每個人在自己人生過程中，聚焦在哪一方面。每人的人生都會有機會出現，視乎你有否把握這個時機，你有否發奮？為什麼別人做得到，你做不到？為什麼別人成功，你不成功？都要撫心自問自己有沒有努力過？若每天都懶散度日，漫無目標，只顧玩樂，就不要抱怨。」

然而，即使馬的狀態佳，表現與戰績仍然會受許多不可預知的因素影響，希望「拉頭馬」，要看機緣巧合。一次，史立德朋友的馬匹在出賽時突然流鼻血，這是因為肺部爆裂所致，優秀的馬也會出現這情況。一旦發生，馬匹要休息幾個月，再恢復操練，但若這情況發生兩至三次，馬匹就要退役。

另外，馬的飼料很重要，若馬跑完之後感到疲累，沒胃口進食，這樣會變得瘦弱。若馬胃口佳，吃光飼料，即健康沒問題。還有看磅數，其中同樣大有學問。賽馬馬匹通常超過 1,000 磅，1,100 磅左右的最佳，若少過此磅數，力量會不夠；又要看身型，有些馬肌肉賁張，就知道跑短途必定有力。身型超過 1,000 磅的馬匹參加高速奔跑競賽，因其腳較細，自然容易受傷。

賽馬的人生智慧

史立德經常說：「跑馬如人生。」得失經常只是一線之差。如馬主許多時候在自己的馬出賽時都會投注，可是很多時候都失望而回。有時因為馬匹落敗的次數多，當看到牠狀態大勇時，自己卻偏偏沒有下注，勝出後，只能一笑置之。當朋友紛紛上前祝賀：「很厲害呀！拉頭馬！」只能對人歡笑背人愁，箇中感受只有自己心裏知道，這也是人生的真實寫照。

千帆過盡，史立德回顧馬場上遇過的高低起伏：「開心時仿如升上天，失敗時就覺得跌到谷底。跑馬就像做生意，有人成功，有人不成功；但要記得的是：你成功，是因為同時有許多人失敗了。」

成功需苦幹，同時受制於許多因素，這也是人生的平常事。面對各種變故，應該如何面對？

史立德熱愛賽馬，縱然屢遇挫折，但他對馬的那份熱誠卻從未冷卻；加上他從商打拼多年，練就遇上困難仍然保持鬥心的精神，絲毫不受失望情緒影響，堅持不懈，終於達成目標。他堅信凡事都要經過艱苦，常說：「沒有付出，哪有今天？No Pain, No Gain，天下間哪有不勞而獲？」

管理自己情緒是成功的重要因素，面對得失，需要調整自
己的心態。對賽馬的興趣與熱情，是推動他繼續投入賽馬
的最大動力。

擔任馬主協會主席

馬場是香港眾多馬迷觀賽之地，但同時是社會上另一批人
的社交場合。昔日英國人在香港留下的賽馬運動，也是上
流社會的社交場所。史立德參與賽馬，旨在以馬會友，馬
場是一個理想的社交場所，如談生意時可邀請客戶到馬場
觀戰。周日賽馬，也是與家人相聚的好時候。

史立德在賽馬界認識了一批來自不同界別，但志同道合的
朋友，並在 2016 至 2017 年擔任香港馬主協會會長。成立
於 1978 年的香港馬主協會旨在維繫全港數百位馬主；馬會
與馬主協會有協作關係，成為馬主與馬會之間的橋樑。此
外，協會會有舉辦賽事——馬主協會盃，又會組織外訪，
到世界不同地區的馬場出賽及參觀，並率團參加國際賽
事。他還介紹了八十多人入會。

史立德出任馬主協會主席期間曾率團遠赴英國，參加皇家
雅士谷賽（Royal Ascot）。雅士谷賽是英國的重要比賽，當
地十分隆重其事。史立德認為這是一次難得的機會體驗這

2017 年 5 月 31 日
香港馬主協會慈善基金
舉行 Owners' Parade 2017
Bow Tie Night

大型的賽事，他回憶當日到場人士都要盛裝出席，配戴高高的禮帽等，馬場上洋溢着盛事的氣氛。英女皇伊利沙伯二世生前愛好賽馬，當時也有到場觀看，而且史立德及團體的包廂，距離英女皇的包廂不遠。只見附近保安森嚴，不讓任何人接近。不過，當英女皇要離開時，史立德剛好在不遠之處，得以近距離一睹她的風采，並目送她的座駕駛去。

他還率團到澳洲墨爾本參觀澳洲「墨爾本盃」大賽，只是這次他沒有馬匹參賽。當地賽馬活動同樣像一個嘉年華，場地架設多個大型帳篷，有多台餐車，極富節日氣氛。

擔任馬主協會會長的史立德曾提出一些富有創意的事情，例如在沙田夜賽時，大家都派馬匹出賽，並舉行派對，部分勝出馬匹的獎金則會被捐出作慈善用途。當天大家須盛裝出席，男士配戴領帶，女士穿着晚禮服。當晚史立德的馬剛好勝出，就出現了他身穿禮服、戴上領帶「拉頭馬」的隆重場面。

支持傷健策騎協會

史立德熱心參與社會慈善活動，參與賽馬的同時也不忘慈善，包括香港傷健策騎協會。該協會成立於 1975 年，起初

2017 年 6 月
史立德與太太
盛裝出席
英國皇家雅士谷賽

設於上水雙魚河馬會騎術學校，1978 年薄扶林騎術學校啟用後，就成為該會的基地。

近年香港殘疾人馬術運動員在國際賽上成績突出，他們都是香港傷健策騎協會馬術學院訓練出來的。2014 年成立的傷健策騎協會馬術學院，致力提高香港傷健馬術的訓練及發展達到專業水平，曾多次安排並贊助運動員到海內外參加不少大型馬術盛事，取得佳績。

史立德大力支持該會的工作，曾將「好先生」贏得的獎金，一半捐予傷健策騎協會，另一半捐予公益金。目前擔任傷健策騎協會公關及籌募委員會副主席的史立德說：「希望小朋友藉着學習騎馬，重建自信和強化肌肉，令身體平衡更佳。」

支持培訓本地獸醫

賽馬活動衍生不同行業，獸醫就是其中之一。長期以來，香港並無學府培養獸醫，馬會聘請的獸醫大多來自海外，史立德也曾介紹外國修讀獸醫的朋友到馬會實習。近年香港城市大學開辦獸醫課程，史立德一直支持城大開辦相關課程。他說：「香港多人飼養寵物，對獸醫需求甚大，有更

香港傷健策騎協會

香港傷健策騎協會目標是幫助傷健兒童及成人透過學習策騎，協助傷健人士在馬背上練習平衡，從而增強自身的肌肉，建立自信、增加集中力及紀律。協會也是馬會支持的慈善機構之一。

多本地培育訓練的獸醫是好事，年輕人投身獸醫行業，將
會很有前途。」

儘管目前擁有數匹馬，史立德仍打算在馬會批出新一批購
買馬匹許可證時，物色良駒。究竟能否在他的慧眼加上好
運氣下，覓得更優秀的馬，在綠茵場上表現更出色，奪得
更多錦標？相信大家都十分期待。

史立德
銀紫荊星章 銅紫荊星章 榮譽勳章 太平紳士

慈善機構

1999 至 2001	仁濟醫院董事局第 32 及 33 屆	總理
2003 至 2007	仁濟醫院董事局第 36、37、38 及 39 屆	當年顧問
2008 至 2009	仁愛堂第 29 屆（丁亥年）董事局	主席
2009 至 今	仁愛堂諮議局	委員
2016 至 2017	香港馬主協會	會長
2022 至 2024	香港馬主協會	名譽顧問
2011 至 2017	香港賽馬會馬主協會基金會	主席
2012 至 2015	香港海鷗助學團有限公司執委會 * 首屆執委會（2012–2015）	副會長
2015 至 今	香港海鷗助學團有限公司執委會	名譽會長

社會福利

1998 至 2011	香港童軍總會黃大仙區	名譽會長
2005 至 今	香港台山同鄉總會	名譽會長
2022 至 2023	香港台山同鄉總會	榮譽會長
2007 至 2008	香港童軍總會新界地域會務委員會	副主席
2007 至 今	東九龍居民委員會	名譽會長
2008 至 2009	香港童軍總會新界地域公共關係委員會	主席
2009 至 2011	香港童軍總會新界地域會務委員會	名譽會長
2008 至 今	九龍東潮人聯會	顧問
2009 至 今	九龍東區各界聯會	副會長

社會福利（續）

2009 至 今	九龍社團聯會	名譽顧問
	九龍社團聯會	永遠名譽會長
2011 至 今	香港九龍潮州公會	永遠名譽會長
2012 至 今	香港傷健策騎協會（公關及籌募委員會）	副主席
2017 至 今	仁愛堂史立德夫人青少年兒童醫療基金	創會會長及主席
2023 至 今	香港區潮人聯會	名譽會長

政協與社會單位

1998 至 2017	中華人民共和國廣州市海珠區	區政協委員
2004 至 今	廣州市海珠海外聯誼會	副會長
2004 至 今	深圳市光明新區公明商會	副會長
2005 至 2012	商界助更生委員會	會長
2012 至 2017	廣州市海珠區政協港澳委員聯誼會	副會長
2017 至 今	廣州市海珠區政協港澳委員聯誼會	顧問
2008 至 2023	中華人民共和國廣西壯族自治區	省政協委員
2009 至 2012	香港廣西社團總會 **2008 年加入，2009 年為副會長	副會長
2012 至 2018	香港廣西社團總會 2012 年 為常務副會長；兩年一屆	常務副會長
2010 至 2016	民政事務局「伙伴倡自強」 社區協作計劃諮詢委員會	委員
2011 至 2019	香港廣東社團總會 ** 三年一屆，現屆為 2017–2019	副會長
2012 至 今	香港長沙商會	創會會董
2012 至 今	廣州市海珠區政協 敬老助困促進會 ** 現屆由 2017 年起 **	理事會會長
2013 至 今	商界助更生委員會董事局	董事

政協與社會單位 （續）

2014 至 今	香港廣西玉林市同鄉聯誼會	榮譽會長
2015 至 2020	香港提升快樂指數基金	榮譽會長
2015 至 今	香港海珠各界聯合會 現屆第三屆	會長
2016 至 今	香港明天更好基金	理事
2018 至 2020	香港廣西社團總會 **2018 年常務理事會名譽顧問，兩年一屆	名譽顧問
2019 至 今	香港廣東社團總會	名譽副會長
2021 至 今	香港提升快樂指數基金	聯席主席
2021 至 今	香港廣州社團總會	副會長
2021 至 今	廣東省香港商會	永遠名譽會長

港府團體

2002 至 2012	黃大仙區少年警訊	名譽會長
2003 至 2022	黃大仙區撲滅罪行委員會	委員
2004 至 2008	黃大仙康樂體育委員會	名譽副會長
2004 至 2011	黃大仙區議會	委任議員
2005 至 2012	黃大仙區消防安全大使名譽會長會	副主席
2005 至 今	懲教處職員義工團	名譽顧問
2007 至 今	黃大仙區健康安全城市 ** 現屆為 2021–2023	主席
2013 至 今	醫療輔助隊	名譽長官
2012 至 2016	黃大仙區消防安全大使名譽會長會	主席
2016 至 2024	黃大仙區消防安全大使名譽會長會	會長
2012 至 2014	九龍城區消防安全大使名譽會長會	名譽會長

港府團體 (續)

2022 至 今	香港聖約翰救傷隊 (訓練總區及行政分區)	聯隊副會長
2020 至 今	香港貿易發展局理事會	理事
2020 至 今	香港旅遊發展局	香港國際會議大使
2021 至 今	攜手扶弱基金	名譽顧問
2021 至 今	商務及經濟發展局對外推廣專責小組	委員
2021 至 今	香港貿易發展局一帶一路及 大灣區委員會	委員
2022 至 2023	香港貿易發展局一帶一路及 大灣區委員會	委員
2021 至 今	香港貿易發展局 Product Promotion Programme Committee	委員
2022 至 2023	工業貿易諮詢委員會	委員
2021 至 今	香港科技園公司大灣區諮詢委員會	委員
2023 至 2025	北部都會區諮詢委員會 (轄下產業發展小組委員會)	委員
2023 至 2025	北部都會區諮詢委員會 (轄下推廣及公眾參與小組委員會)	委員

商會

2004 至 今	香港黃大仙工商業聯會	永遠名譽會長
2021 至 今	香港中華廠商聯合會	會長
2006 至 2008	香港荃灣工商業聯合會	名譽會長
2006 至 今	廣東省外商公會	常務理事
2006 至 今	香港玩具廠商會	副會長
2007 至 今	香港專業及資深行政人員協會	創會會員
2008 至 今	潮僑塑膠廠商會	名譽會長
2008 至 2012	油尖旺工商業聯會	榮譽會長
2015 至 2017	香港青年工業家協會基金會	會長
2022 至 今	香港潮州商會	副會長
2018 至 今	香港潮屬社團總會	常務會董
2015 至 2018	香港中小型企業聯合會	名譽會長
2021 至 今	中國香港（地區）商會——廣東	永遠名譽會長
2021 至 2023	香港九龍潮州公會	會長
2023 至 今	汕頭海外聯誼會	榮譽會長

教育

2007 至 今	香港城市大學研究生會	名譽會長
2016 至 今	香港理工大學基金	永遠榮譽副會長
2020 至 今	香港理工大學基金	永遠榮譽會長
2021 至 今	香港理工大學總裁協會	理事長
2017 至 2019	香港理工大學—— 大學院士協會管理委員會	聯席主席
2017 至 今	香港教育大學基金	榮譽會長
2021 至 2024	香港教育大學基金管理委員會	委員
2017 至 今	香港城市大學基金	榮譽副會長
2020 至 今	香港城市大學顧問委員會	委員
2021 至 2023	香港浸會大學基金企業家委員會	委員

專題項目

2005 至 2005	黃大仙 2005 年文化藝術節籌備委員會	主席
2006 至 2006	黃大仙區節 2006 年籌委會	主席
2015 至 2015	香港馬主協會慈善基金周年慈善餐舞會 籌備委員會	主席
2016 至 2016	香港馬主協會慈善基金周年慈善餐舞會 籌備委員會	主席
2022 至 2022	黃大仙各區慶典委員會 黃大仙各區慶祝回歸祖國 25 周年活動 委員會（中華文化綜藝匯演及慶祝儀式）	榮譽顧問

體育機構

2009 至 2012	黃大仙康樂體育委員會	副會長
2014 至 2015	黃大仙康樂體育委員會轄下之 黃大仙足球隊	副會長
2014 至 今	香港馬術總會	榮譽會員

榮銜

2007	香港特別行政區政府	頒授榮譽勳章
2010	香港特別行政區政府	委任太平紳士
2017	香港特別行政區政府	頒授銅紫荊星章
2023	香港特別行政區政府	頒授銀紫荊星章
2017	香港理工大學	院士
2010	香港工業專業評審局	院士
2021	香港工業專業評審局	榮譽院士
2021	職業訓練局	榮譽院士
2021	香港城市大學	榮譽院士
2022	大灣區經貿協會	大灣區榮譽院士
2022	香港市務學會	榮譽會士
2022	香港教育大學	榮譽院士
2022	香港都會大學	榮譽院士